Oh, Yck!

114 Science Experiments Guaranteed to Gross You Out

疯狂的声音

让孩子脑洞大开，提高动手能力，培养探索精神

课本里学不到的实验（下）

[美] 乔伊・玛索夫
[美] 杰西卡・加勒特 著
[美] 本・利根

[美] 大卫・德格朗/绘

北京广雅 刘琼/译

北京联合出版公司

Beijing United Publishing Co.,Ltd.

目录

昆虫

普通的蚂蚁很讨厌，但不至于太吓人。当你看见一只蚂蚁，你通常不会尖叫着匆忙跑开。但如果是别的昆虫，那可就不一定了。比如一大群蜜蜂，或是一只能够用嘴巴将铅笔一分为二的甲虫，又或是在你的宠物狗饭盆里流着口水的数只蟑螂。这些令人毛骨悚然的爬虫，又是另外一回事了！

2014 年，有人创造了一项世界纪录——在身上“穿”了 63.7 万只蜜蜂，这些蜜蜂的净重超过了 45 千克！

大自然中存在着许许多多令人害怕的虫子：臭虫、椿象、蜇人的虫子、吸人血的虫子、分泌毒液的虫子……你知道自然界最致命的生物是什么吗？鲨鱼？也许吧！鳄鱼？再好好想想！据不完全统计，鲨鱼每年造成大约 10 人死亡，而鳄鱼每年造成大约 1000 人死亡。那么本场致命大赛的获胜者是谁呢？不是鲨鱼，也不是鳄鱼，其实是那些极小的、讨厌的、让人瘙痒难耐的、不断发出嗡嗡声的蚊子——它们每年造成的死亡人数超过 100 万。它们是如何做到的呢？蚊子能在人群中传播各种致命疾病，例如疟疾、西尼罗病毒以及登革热。

如果所有的小虫子都消失了，世界会不会更美好呢？我们再也不用猛拍虫子了，再也不用踩到虫子了，世界上再也不会有昆虫传播的疾病了。听起来简直棒极了，对吧！但是，你知道吗？如果没有了昆虫，整个世界将变成一个不折不扣的恶心王国。首先，我们将身处齐腰高的大便和垃圾中。因为许多昆虫都是大自然的分解者——它们能够吃掉我们制造的垃圾。如果没有了昆虫，我们就仿佛遇到了一场环卫工人的“终极大罢工”。然而，这些成堆的垃圾也只不过是我们所有麻烦中最无足轻重的。

想想地球上的植物吧！它们无法像动

物那样繁殖后代，许多植物的繁衍需要昆虫的帮助。在植物的繁衍过程中，花粉是一个关键因素，而对这个关键因素来说，昆虫充当着“邮递员”的角色。许多昆虫都是传粉者，蜜蜂和蝴蝶是授粉圈的“超级明星”。当它们吸食香甜的花蜜时，微小的花粉粒就会像黄色的头皮屑一样粘在它们的身体上。当它们飞往另一株植物时，花粉也会伴随着它们传播至另一株植物花蕊顶端的一根有黏性的小“手指”（也就是“柱头”）上。就这样，植物获得了自己结种需要的所有材料！谢谢你们，亲爱的蜜蜂和蝴蝶！

现在让我们总结一下吧！如果没有蜜蜂、蝴蝶和其他的传粉者，就没有新生的开花植物。对许多物种来说，这就意味着没有了食物。那些以植物为生的物种将因为再也没有食物可吃而很快便会饿死。接着，那些以吃食草动物为生的生物也很快会挨饿。忽然之间，我们都将面临饿死的危险。除此之外，空气中的氧含量也将减少，因为植物能够吸入二氧化碳，然后排出人类赖以生存的氧气。现在，你还会认为一个没有昆虫的世界是个好主意吗？

明白了！这个家伙正在进行一场昆虫游猎之旅。

我误信了错误的观念

蜘蛛也属于昆虫，对不对？错！蜘蛛属于蛛形纲，而昆虫属于昆虫纲。蜘蛛之于甲虫，就相当于金鱼之于长颈鹿。翻到“蛛形纲”一章，你将了解更多有关蛛形纲动物的知识。

昆虫游猎之旅

对于任何喜爱爬虫的人来说，捕捉虫子是最简单也最有趣的活动之一。人类目前已知的昆虫约有 100 万种，但仍有许多种类尚待发现。如果能够捕捉到虫子，谁还需要狮子、斑马或是犀牛呢？

1. 现在，你即将踏上一次昆虫游猎之旅。你可能会问，应该从何处开始呢？其实，捕捉昆虫在任何地方都是可以的。以下是关于昆虫捕捉地点的 5 条建议：

★ 窗台（许多飞虫的墓地）
★ 岩石和原木下（几乎布满了昆虫）
★ 植物，特别是花朵上（昆虫是一流的传粉者）
★ 夜间点亮的灯（对于飞蛾和其他同类虫子来说，这是不可抗拒的）
★ 池塘或溪流（水栖昆虫是健康生态系统的标志。别害怕！抬起几块石头，寻找幼虫）

2. 抓住那个小家伙！对于爬行速度慢的（或死的）昆虫，小钳子是很有用的工具。对于爬行速度快的昆虫，你可能需要使用一个罐子或一张网才能捕捉到它们。

记住：千万不要去招惹蜇人的昆虫，例如蜜蜂和黄蜂。另外，当你捕捉昆虫时，还要留心蜘蛛、蛇、毒藤或毒栎。

3. 仔细观察你抓到的小家伙。你也许压根儿不知道它是什么。它看起来可能很眼熟，也可能很陌生。然而最重要的是，

探索器材

除了双眼和双手外，你可能还需要以下器材：

- 带盖的容器
- 放大镜
- 小钳子
- 捕蝶网
- 购买一本昆虫识别指南，或上网搜索一份“昆虫检索表”

“它是一只昆虫吗？”

刚刚发生了什么

昆虫有且仅有三对腿。如果你捉到的爬虫不止六条腿，它就肯定不是昆虫。另外，昆虫的身体均分为三个部分：头部、胸部和腹部。身体部位少于或多于三个，那也不是昆虫！大多数昆虫有翅膀、两只眼睛以及触角。但是，不是所有昆虫都是如此。请记住，这些标准仅适用于成年昆虫。和自然界中的许多生物一样，昆虫幼虫的标准也是不一样的。许多昆虫的幼虫没有腿；幼虫的翅膀也没有实际用途；大多数幼虫的样子和它长大后的不一样。看看离你生活最近的那只蛆，你就知道了！

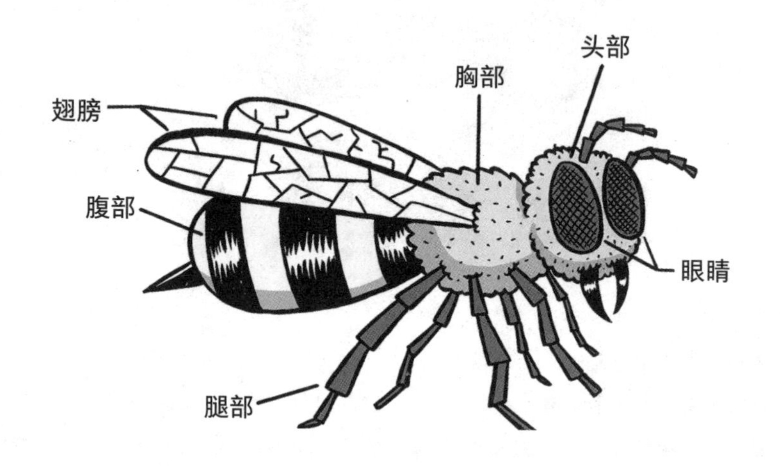

如何才能辨认出那只你正在观察的小家伙是不是昆虫呢？仔细观察它的头部，你可以看见一双眼睛、一个口器和一对触角。（昆虫的触角拥有许多的功能，可以用来触摸物体，感知物体的形状、气味、味道，还可以感知周围的风向、热量和湿度。）头部是昆虫的控制中心——昆虫大脑所在的位置。不过，昆虫大脑的重要性远远不及你的大脑。如果一只昆虫没有失去大量"昆虫血"——也被称为"血淋巴"——就算失去了头部，它也能存活好几天。因为它是通过体内的小孔（被称为"气门"）呼吸的，因此，没有头部的情况下它仍然可以呼吸空气。但是，由于失去了捕捉食物的眼睛和吞食食物的口器，它最终还是会活活饿死。

接下来，让我们研究一下昆虫的胸部吧！胸部位于昆虫身体的中间位置，是它的运动中心。如果昆虫有翅膀，那就应该长在胸部。昆虫的腿也长在胸部。就蝗虫而言，在靠近中足基节的位置，你可以发现一个用于呼吸的小孔，被称为"胸部气门"。没错，蝗虫是通过腿部来呼吸的！如果可以的话，仔细观察你抓到的昆虫的腿。它们腿上可能长着小钩子，甚至是小吸盘。亲爱的，你最好抓紧它。

现在，让我们来研究一下昆虫的腹部吧！在每个腹节的侧面，你也许能够观察到昆虫的气孔。腹部位于昆虫身体比较靠后的位置，负责消化食物，雌性昆虫的腹部能够生成卵子，毒刺也位于腹部（如果有的话），昆虫的粪便也形成于此。你知道吗？不少"节约"的昆虫还会将它们的粪便重新利用起来，当作食物或用来防御天敌，最棒的是用作建筑材料。想象一下吧，一个用粪便建成的昆虫的家！

课外活动

外骨骼产蛋挑战！

活动器材

- 1个鸡蛋（如果你想来一次终极挑战，一片狼藉的试验现场，那就准备3个）
- 家用可回收物品（牛奶盒或鸡蛋包装纸盒、报纸、卷筒纸芯、纸杯等）
- 烟斗通条、垃圾绑带或吸管（用作昆虫的足部和触角）
- 剪刀
- 日杂用品，取决于你的设计（纸张、胶带、线、订书机）
- 马克笔或钢笔（使你的昆虫与众不同）
- 卷尺或标尺
- 清理破损鸡蛋的物品（如果你的首次设计不成功的话）

你是否曾将一只蚂蚁拂下野餐桌，然后它还能安全无恙地爬开？你有没有想过这有多神奇？与蚂蚁的体型相比，野餐桌的高度是难以企及的。这就相当于某人将你从60层的高楼推下，你还能毫发无损地走开！昆虫从很高的地方坠落后还能够存活的原因有两个：一个是它的体重很轻；另一个是它的体表长着坚硬的外骨骼。

你的任务是：打造一个内含鸡蛋的三维昆虫模型，然后将你的巨型昆虫从1.5米高的地方扔下，同时保证鸡蛋不碎。

1. 设计并打造你的昆虫模型。你需要注意以下几点：你的昆虫需要有柔软的躯体、坚硬的外骨骼、3个独立的身体部位（头部、胸部和腹部）以及6条腿。最后，你需要在昆虫的体内放入一个生鸡蛋。不准作弊：决不允许将鸡蛋煮熟！

几个小提示：更宽更轻的设计可以减少空气阻力。另外，仔细回想一下，如果你要邮寄物品或购买精品店商品，在包装时会用到哪些材质的减震垫呢？——这些材料也有防止鸡蛋破碎的作用。

2. 为你的昆虫选择一个有坚硬地面的坠落地点。最好选择在户外进行，或者选择一个鸡蛋破碎后容易清理的地方。例如，你可以爬上一个活动梯子，然后让昆虫模

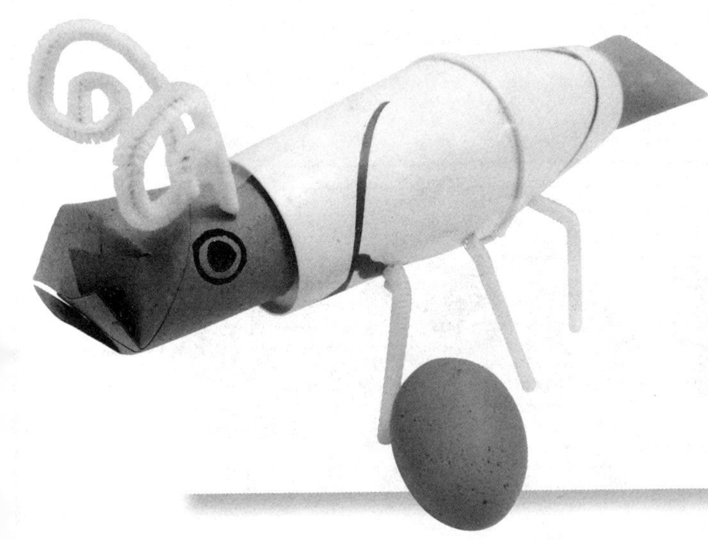

型坠落到私人车道上。或者你也可以将模型高高举起，然后让它坠落到浴缸中。

3. 是时候“跳伞”了！ 请确保把你的昆虫模型举到 1.5 米以上高的空中，然后往下扔。

4. 判决时刻：你的鸡蛋仍然安然无恙吗，或者它现在已经酷似那个为了昆虫学而牺牲的汉普蒂·邓普蒂（童谣中那个从墙上摔下跌得粉碎的矮胖子）了？

刚刚发生了什么

由衷地希望你仿制的那只昆虫能够像真正的昆虫一样幸免于难。高空坠落对许多其他动物来说都是致命的，那么，昆虫在高空坠落后是如何存活下来的呢？首先，它们触地时的降落速度不是很快。所有物体在降落时都会不断加速，但它们最终会到达自己的终端速度而停止加速。这是因为还有另外一种力量也在起作用：空气阻力。空气阻力会向坠落的物体施加一个向上的推力，从而降低坠落速度。当重力（向下的拉力）和空气阻力（向上的推力）达到平衡时，就会到达终端速度——坠落的物体从此开始匀速降落。这种情况出现的准确时间取决于坠落物体的外形、体型及重量。昆虫的体型非常小，而且重量极轻，于是它们的体表面积形成了某种形式的降落伞，从而创造了更大的空气阻力，降低了它们的降落速度。一只蚂蚁即使从一架飞机上坠落，它的触地速度也只有大约 6 千米每小时（只会造成轻微的痛感）；如果是一个没有佩戴降落伞的人，他的触地速度将远远超过 160 千米每小时（会造成剧烈的痛感）。

昆虫能够成为无畏的高空秋千表演家的第二个原因是：它们长着坚硬的外骨骼。外骨骼的主要成分是几丁质，龙虾的壳体上就存在这种高硬度的分子，它有点像人类的指甲。外骨骼就相当于汽车的保险杠：保险杠坚硬但富有弹性，设计目的就是在汽车发生碰撞时轻微变形，以吸收外界的冲击力。如果鸡蛋在坠落后没有破碎，那一定是因为鸡蛋外的保护材料吸收了冲击力。如果鸡蛋碎了，也为你的失败庆祝吧（因为我们往往能从失败中学到更多东西）。找出失败的原因，然后不断尝试！

你能在这一众嫌疑犯中辨认出谁是昆虫吗？

在地球上生活的所有生物中，谁才是真正的王者？当然是昆虫！它们是地球上种类最多的生物（迄今为止，人类发现的昆虫种类已经超过100万种，可能还有3000万种未知的昆虫等着我们去发现）。在实际活虫数量排行榜上，它们也排在第一位——大约10,000,000,000,000,000,000只。这串数字太长太难数了？你们这些懒家伙，让我告诉你们吧，这是10的19次幂！这就意味着地球上每一个人对应的昆虫数量超过了10亿只，它们四处爬行、打洞或成群活动。如果世界上存在一架超级大的天平，能够让我们将非洲所有的大象都聚集起来，堆放在天平的一端，然后将非洲所有的小白蚁聚集起来，堆放在同一架天平的另一端，那么你会发现，仅小白蚁这一种昆虫的重量就超过了那些体型庞大的大象，而且超过了很多！（大象的总重量约为200万吨，而小白蚁的总重量约为44500万吨。）

我误信了错误的观念

许多人将昆虫、蜘蛛、千足虫以及任何爬虫都称为“臭虫”。但是如果你想表述得更专业一点，臭虫只是一种特殊的昆虫。真正的臭虫包括床虱、椿象、水黾以及其他半翅目成员。所以，所有的臭虫都是昆虫，但并不是所有的昆虫都是臭虫。

昆虫不仅大量存在于世界的每个角落，而且能够在极端环境中生存。想想你能够想到的最可怕的地方吧！这个地方环境极其恶劣，几乎任何生物都无法生存，然而令人惊讶的是，这儿居然生活着一大群昆虫，不是勉强度日，而是大量繁殖。有一些昆虫能够完全适应北极那种冰天雪地的生活，反而会因为人类手掌的温度而死去。有一种苍蝇能够在不断冒泡的漆黑原油池中生活，还有一些昆虫能够在最炽热的沙漠中生活。有一种昆虫甚至能在没水的情况下存活数月，直到躯体彻底干透，

是时候蜕皮了！这只蝉刚刚换了一身全新的外骨骼。

看似全无生气，但是一旦雨季来临，它们便会重新恢复生气。小虫子们实在是太神奇了！

我正在蜕皮！

昆虫之所以能够大量存在，是因为它们独特的身体构造。你知道圆桌骑士团可以通过穿戴盔甲来进行自我防护吗？昆虫也会如此，只不过它们的盔甲不会生锈，也没有特别重！它们的盔甲被称为外骨骼。昆虫体表的外骨骼坚硬无比，具有很强的防护性能。你知道吗？昆虫的眼睛表面也长着一层薄薄的外骨骼。然而，这层坚硬的外骨骼也会带来一个小问题——如果一直被包裹在盔甲中，就很难长大。

想象一下：如果我们没有骨骼，就会像水母一样只剩下一堆软绵绵的、黏糊糊的器官，搞得地板上乱七八糟。我们的骨骼不仅能够帮助我们站立，而且能够为我们所有的身体部位提供一个彼此相连的支架。最重要的是，它们还保护了我们所有柔软的内脏。

在人类和其他拥有骨骼的动物体内，所有器官都有生长的空间，因为我们的骨头之间存在空间。你可能已经注意到，相比去年的这个时候，你的手、脚和腿都长大了很多。你的内部器官——例如心脏、肝脏、肺部和大脑——也在不断生长。但是，如果你是一只昆虫，你不断生长的腿就会受到外骨骼的限制。所以，一只昆虫从幼虫发育到成虫，每隔一段时间，它就必须蜕掉自己的保护盔甲，然后长出一件全新的盔甲。在昆虫的一生，蜕皮的次数从几次到几十次不等。

正如你失去了骨骼无法生存一样，昆虫也不能失去外骨骼。所以，随着昆虫的不断生长，它就会在自己原本那层外骨骼下形成一层更大的、起皱的外骨骼。蜕皮时刻一到，昆虫就会深吸一口气，鼓起身躯，与旧的外骨骼分裂（分离）。然后，昆虫就会从旧的外骨骼中钻出来，长出一层柔软的新皮。随着昆虫将空间不断填满，这层新的外骨骼就会不断扩大并变硬，然后大功告成！这只更大更有力的昆虫已经准备好四处爬行或飞行了。对于昆虫来说，蜕皮可能是一个充满危险的时刻。这是因为当它新的外骨骼硬化完成前，它会保持不动的状态，就很容易成为鸟类和其他食肉动物的目标。（85% 的昆虫死亡都发生在它们蜕皮的过程中！）

你吃过昆虫没？哦，你觉得没吃过？再好好想想！在美国，商店里售卖的花生酱，每 100 克中就含有 30 克昆虫残体。一款特别的巧克力棒中甚至含有多达 60 克极小的昆虫残体！如果你购买罐装果汁，每喝 234 毫升的果汁，你就会畅饮大约 5 只果蝇。每抓一把葡萄干，你就会吃掉多达 35 个果蝇卵。这些数据都是由美国食品和药物管理局提供的。但是，嘿，如果你觉得吃下一盘巧克力蟋蟀曲奇的想法听起来很有吸引力，请翻到后文查看这份令人吮指回味的美味食谱吧！

你想不想和一只鹿角虫来一次亲密的拥吻呢？

自然界中最大、最重、最恐怖、最危险的昆虫是什么？如果你看见一只这样的昆虫，你会怎么做？以下就是一份简单的指南！

亚洲大黄蜂 它们体型很大，比成年人的大拇指还要大，看起来像是在说："别惹我，老兄！"如果你是一只蜜蜂，你就需要非常非常小心了。一只亚洲大黄蜂能够在一分钟内撕裂 40 只蜜蜂。因为它们喜欢给自己的幼崽喂食蜜蜂的幼虫，所以它们通常会破坏整个蜂房。亚洲大黄蜂一般不会蜇人，但是一旦它们受到干扰或遇到攻击，便会群起而攻之，它们的特殊毒液能够损伤人的肾脏。除此之外，它们还是很可爱的……开个玩笑。如果你看见一只亚洲大黄蜂，请大声尖叫或者吃掉它。（在日本，人们喜欢将它油炸着吃！）

马蝇 马蝇通常分布在非洲和南美洲，它们最喜欢的食物是一种类似马胃和绵羊鼻孔中的东西。接下来，我们就来介绍一下它们是如何偷偷潜入寄主体内的。假如你是一匹马，正慵懒地站着，突然一只长得像蜜蜂的小马蝇开始在你周围盘旋并向下俯冲，在你腿部和其他身体部位的毛上产卵。稍后你可能碰巧舔到了这些毛发，于是在你那温暖而潮湿的口腔中，虫卵开始孵化。接下来，幼虫会在你的口腔中安营扎寨，它们能够在你的口腔中形成脓囊，甚至松动你的牙齿！然后你会将它们吞进肚子，它们开始舒适地生活在你的胃中，引起各种各样的消化问题。当它们终于准备好进入它们生命的下一个阶段，就会随着粪便排泄出去。它们会在粪便中待上两个月，然后长成成年马蝇。

看见那一堆堆冒出马蝇的马粪了吗？如果你是一只绵羊或一匹马，请大声尖叫吧！

巨型竹节虫 它们分布在加里曼丹岛。这个岛屿归属于三个国家：马来西亚、文莱和印度尼西亚。竹节虫看起来令人毛骨悚然，就像一根长达0.6米、能够行走的竹节！另外，竹节虫的幼虫长着翅膀，这点对于昆虫来说是不寻常的。但是，请不要尖叫——它们可能长得有点奇怪，但是并不危险。

泰坦甲虫 泰坦甲虫主要生活在亚马孙雨林中，是已知最大的一种甲虫。这是一种看起来比仓鼠还要大的飞虫，它的下颚强大到可以咬断一根铅笔，当它心情不好时会发出恐怖的“嘶嘶”声。然而，你完全不用害怕，它们通常不会攻击人类。除非你踩到它，这时它就不得不想办法逃离你的鞋底了。

一只蚂蚁是怎样告诉它的同伴去另一条街享用一顿超级美味的自助餐路线的呢？这只蚂蚁享用完美餐后，又是如何回家的呢？它们无法张嘴说话，所以大部分蚂蚁使用气味绘制它们的路线图。当它们外出寻找食物时，就会留下独特的气味痕迹。当它们要回家时，就会在地上嗅来嗅去，找到留下的痕迹，然后安全地回到自己的巢穴。

如果是坚实稳固的地面，这套系统能够完美地运行，例如人行道或泥土路。但是一只生活在风沙盛行的沙漠中的蚂蚁，又是如何行事的呢？它留下的气味可能最终被吹往 10 个不同的方向！那么这只蚂蚁是如何返回巢穴的呢？

德国乌尔姆大学的科学家们有了一个想法。他们认为，当沙漠蚂蚁离开巢穴后，它们会计算自己离家的步数，所以它们知道自己返回家中的步数。但是应该如何验证这个想法呢？

科学家们聚集了一群沙漠蚂蚁，并给它们建造了一个巢穴，然后在大约 10 米外的地方留下了一堆食物。蚂蚁们朝着食物列队行进，正当它们准备开吃时，科学家们将它们全部抓起来，然后分成了三组。

其中一组没有进行任何处理。多么幸运的一群蚂蚁啊！科学家们在第二组的蚂蚁腿部用强力胶粘上了坚硬的猪鬃毛。想象一下一群踩着高跷的蚂蚁吧！现在，这些蚂蚁的腿长是之前的两倍。第三组蚂蚁的命运截然不同，科学家们从膝盖处剪掉了它们的腿。（这样是没问题的——沙漠蚂蚁的腿部尖端有时会因为沙漠的酷热和年纪的增长而折断。一旦蚂蚁再次蜕皮，它们的腿就能重新长出来。）腿被剪掉后，蚂蚁仍然能够行走，这简直是太神奇了。但是，由于只剩下又短又粗的腿，它们就只能像小婴儿那样迈着颤颤巍巍的小步伐了。

所有蚂蚁都被送回了食物处。当蚂蚁们准备返回巢穴时，神奇的事情发生了：未经任何处理的幸运的蚂蚁们顺利地返回了家中；那些“踩高跷”的蚂蚁们，迈着更大更长的步伐，直接走过了它们的巢穴，然后停住——它们困惑不已；那些只剩下又短又粗的腿的蚂蚁们，迈着更小更短的步伐，在到达巢穴前就早早止步了。令人惊讶的是，这三组蚂蚁迈出的步数几乎一样！

科学家们将用强力胶粘上了猪鬃毛的蚂蚁和截断了腿的蚂蚁重新放回巢穴中，想要搞清楚接下来还会发生什么。第二天，蚂蚁们涌出巢穴，继续寻找食物。它们全部来到了食物处。这一回，当蚂蚁们返回巢穴时，所有蚂蚁都安全回到了家中。经过改造的蚂蚁按照自己的新步长计算了它们离家的步数，所有蚂蚁都轻而易举地返回了巢穴。

詹姆斯·高尔德是新泽西州普林斯顿大学的一名昆虫专家，他解释了发生的这一切：“这只不过是计算步数的问题。如果你的步子很大，去往食物处是 10 步，那么返回巢穴也是 10 步；如果你的步子很小，你可能需要 40 步才能到达食物处，那么返回巢穴也需要 40 步。问题的关键是，因为蚂蚁计算了自己离家的步数，所以它们清楚地知道回家需要多少步。”

课外实验

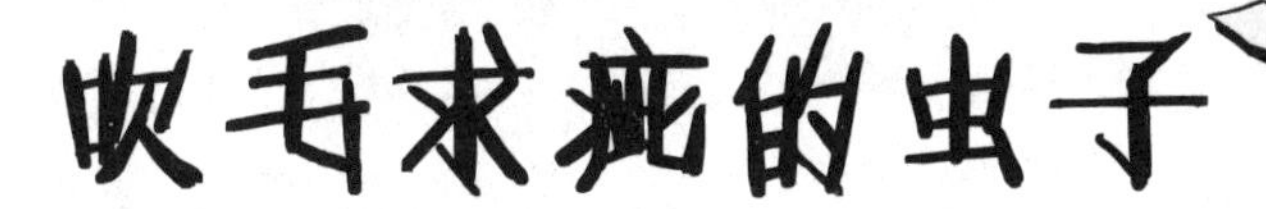

吹毛求疵的虫子

我们知道很多人是挑食的，那么蚂蚁或者其他昆虫也会如此吗？让我们一起找出它们最喜爱的食物以及让它们作呕的食物吧！如果你找到能够击退它们的东西，那么你就可以把它当作杀虫剂！

1. 做出一个假设，关于昆虫可能喜欢或讨厌哪种食物（或非食物）。同时，预测一下这些食物会吸引哪些昆虫出现。

2. 在盘子里分别放上各种各样的食物，然后将盘子置于一个蚁冢附近，或者你知道的其他昆虫密集的地方。

3. 等待数小时，期间记得时常去查看一下“大餐”附近的情况。

4. 如果你的家长同意的话，你可以整夜将这些盘子放在原处。第二天，取出你的笔记本，记录下你的观察结果。

活动器材

- 6 个小盘子
- 做标记的胶带和马克笔
- 即将要测试的食物（或非食物），例如：盐（加入少许水）、糖（加入少许水）、醋、橙皮或橙片、甜甜圈或曲奇、胡萝卜或芹菜杆、苹果片、菠菜叶、香草、肉桂、婴儿爽身粉、粉笔灰、华隆硼砂粉（处理这些材料时要格外小心，处理完毕后一定要洗手）、咖啡渣或用过的茶包、辣椒——辣椒粉或新鲜辣椒均可（处理辣椒时更要格外小心，洗完手才能碰触眼睛哦！）
- 蚁冢或其他昆虫密集的地方，你可以将盘子放在附近
- 相机（可选，但记录变化的过程是很有趣的）

昆虫们可能需要一段时间才能发现你的盘子。你可以将盘子放在那里，然后去玩一会儿，每隔 10 分钟甚至一个小时查看一下盘子的情况。或者，你也可以拿一本喜欢的书静静地坐在一旁，每读几页书瞥一眼盘子的情况。当耐心耗尽时，我们会直接从树叶上抓几只蚂蚁放进盘子里，开始对它们的观察。你也可以这么做，但观察结束后请记得将蚂蚁重新放回树叶上。

刚刚发生了什么

你很可能已经发现了，蚂蚁和其他昆虫会前往某些特定的盘子，而不去其他的盘子。我们注意到，实验中的蚂蚁朝装了醋的盘子走过去，但当它靠近时，便立即走开了。然而，一旦它发现了糖水，它就会停在那里不走了。稍后，成群的蚂蚁聚集在了糖水和橙片周围（但是橙皮周围是没有蚂蚁的）。只有几只蚂蚁来到了盐水和醋旁边，观察了一会儿，然后走开。它们知道自己的喜好。事实上，粉笔、婴儿爽身粉、肉桂、咖啡渣、醋和橙皮都是众所周知的驱蚁剂，硼砂还被用来消灭衣柜飞蛾。我们喜欢野外的蚂蚁，那家中的蚂蚁呢？谢谢，还是算了吧！许多人都尝试利用这些天然的杀虫剂来消灭家中的虫害。征得家长的同意后，你也可以试试哦！

食蛛鹰蜂 如果你读过“蛛形纲”那一章，就应该知道狼蛛是长得相当恐怖的一种生物。那么，你可能会觉得捕食狼蛛的昆虫肯定也长得超级恐怖。实际上，食蛛鹰蜂还是蛮可爱的。食蛛鹰蜂并不是鹰——它们是一种腿上长着钩子的胡蜂，能够捕捉长着8条腿的狼蛛。它们会先飞到狼蛛的上方，然后用毒刺蜇它们。如果你莫名其妙地被误认成了一只狼蛛，它们超级锋利的毒刺会令你痛不欲生。毫无疑问，请立刻大声尖叫！

虫子是相当炫酷的，对不对？你知道吗？有些虫子居然喜欢聚集到火山顶附近！说到火山……下一章就是关于熔岩的！

熔岩

当一个屁从你的体内喷涌而出时，会释放出相当多的“毒气”，甚至能够在几秒内清空整个房间的人。当地球喷发时，它排放出的气体就要危险得多了。那些从地心深处喷溢出的冒泡的、炽热的、散发着恶臭的大量黏性物质，就是熔岩。

火山是以火神伏尔甘的名字命名的。在罗马神话中，伏尔甘是一位非常恐怖的天神——他总是四处投掷火球。当火山喷发时，强大的烈焰喷发会排放出大量的火山灰、气体及岩浆。可以说，火山就是地球表面的洞（或通道），可能表现为坡度平缓的熔岩穹丘，或者从地心深处耸立的山脉，还有许多火山位于海平面以下。大多数火山通道是安静平和的。但是每隔一段时间，地表下的一些东西就会变得有点疯狂，一切都将变得不受控制。当岩浆（火山爆发时岩石熔化形成的液体和半液体及有毒气体的混合体）喷出地表后，就会形成熔岩。最终，这种神奇的地心炽热黏性物质之河会冷却硬化，形成火山岩和火山玻璃。

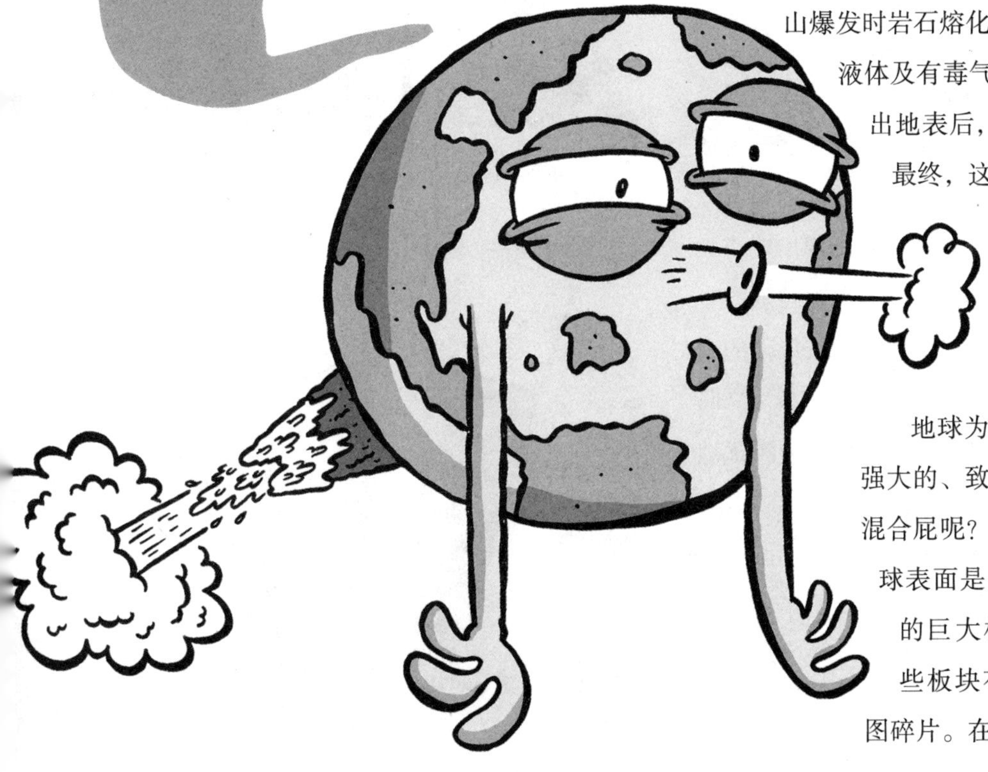

地球为什么会放出这些强大的、致命的岩石和气体混合屁呢？原来，我们的地球表面是由大量缓慢移动的巨大板块组成的，这些板块有点像巨大的拼图碎片。在某些地带，这些碎片彼此之间会发生相互碰撞或分离，地球的表面就会形成裂缝，于是这些炽热的熔岩就找到了一个逃离的通道。我们将地球表面的这些拼图碎片称为“构造板块”。板块运动理论有一个能够让家长留下深刻印象的官方名称，叫“板块构造学”。你可以翻到“地震和地面塌陷”一章，阅读更多有关该理论的知识。稍后，我们还会介绍一点让你亲身实践的速成课。

你有没有剧烈摇晃过一罐苏打水，然后打开它？由于压力的突然释放，苏打水会喷涌而出。火山喷发的原理也是一样的——压力不断增大，然后“砰”的一声，岩浆从地心喷涌而出！

矮胖的地球

如果有人在煮鸡蛋，你可以请他给你一个半熟的鸡蛋来做实验。将鸡蛋静置十分钟放凉，包上几层纸巾，然后轻轻滚动鸡蛋。接下来，稍微加大力度，使鸡蛋壳开始出现裂缝。继续滚动鸡蛋，更大力地往下压。你注意到了什么？裂开的鸡蛋壳很像地球的外壳。鸡蛋壳到处都出现了裂缝，一块鸡蛋壳碎片就代表了地球上的一块构造板块。当你更大力地去按压你的鸡蛋地球，“板块”就会开始移动，板块之间出现裂缝。当你用尽全力按压你的鸡蛋地球，裂缝间就会开始渗出一些东西。所以，如果这一切发生在我们的星球上，而不是鸡蛋上，岩浆就会渗出地表。当然，没人愿意吃岩浆煎蛋饼！

地心之旅！

全体乘客，请立即上车！现在就登上我们的巨型隔热电车，前往地心吧！在这次不断向下的旅程中，你将会通过 4 层。

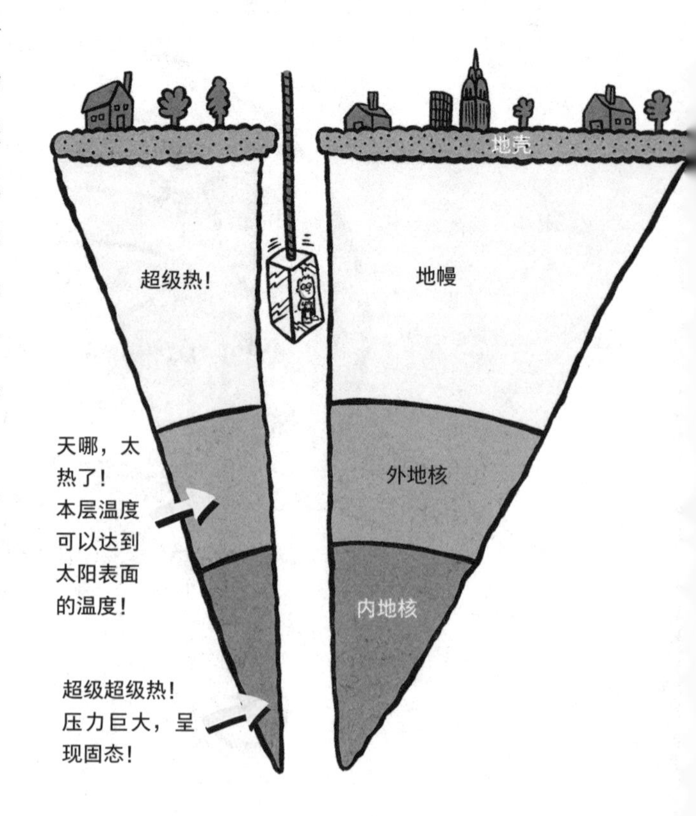

当大量气体从火山口喷涌而出时，能够将熔岩变成熔化的泡沫。当起泡的熔岩冷却后，就形成了令人惊讶的充满小孔的超轻岩石，这种岩石在离你家最近的药店就可以买得到。它们甚至能漂浮在水上，因而被称作“浮石”。如果你想磨掉脚底的死皮，浮石是不二之选！

地壳　我们双脚站立在地壳上，我们在地壳上建造我们的家园，我们还在地壳中开采石油。在上面图片显示的4层中，地壳是最薄的。在陆地上，它的平均厚度大约为40千米；在海洋中，它的厚度仅约8千米；但是在一些山脉地区，它的厚度可以达到100千米。整体而言，与其他3层相比，它的实际厚度要比前面图片显示的薄得多。

地幔　下一站，地球最厚的一层，地壳赖以浮动的物质——地幔。地幔的厚度约为2900千米。你是不是已经大汗淋漓了？地幔层的温度非常之高！在地幔与地壳的交界处，温度还只有温和的1000摄氏度，随着我们飞速驶入地球的更深处，温度会飙升到狂热的3700摄氏度。地幔的绝大部分没有熔化，仍是固态的岩石，但却可以像液体一样流动。为什么呢？想象一团富有弹性的橡皮泥或欧不裂（一种玉米淀粉和水的混合物，后文有制作方法）。如果你将橡皮泥或欧不裂静置一会儿，它就会开始慢慢地渗出水分。但是，如果你用铁锤敲击它，它就会像固体一样被打碎。地幔就是如此，虽然它大体上是固态的岩石，但是在数百万年的地质时间表上，它更像液体一样四处移动流转。从火山喷发出的岩浆大部分都来自地幔层，小范围的地幔会熔化，然后形成岩浆。

外地核　这是我们地心之旅的第三站，厚度大约为2200千米。本层的温度非常之高！随着我们越来越靠近内地核，温度会从4500摄氏度上升到不可思议的6000摄氏度。本层温度可以达到太阳表面的温度！外地核的主要成分是金属铁和金属镍，这些物质完全熔化，成了一种剧烈晃动的液态金属混合物。

内地核　热！热！热！现在，我们的旅行只剩下最后的1240千米了。虽然本层的高温足以熔化金属（约为5200摄氏度），但因为受到来自地球其他部分的巨大压力，这里又变回了一个炽热的固态球。

课外活动

一份地球芭菲

当然，你是无法到地心旅行的，因此也无法亲眼看见地心的层次。但是通过下面的活动，你可以更好地理解地球的分层是如何“漂浮”在另一层之上的。另外，这也是一次有趣的密度演示。

活动器材

- 高脚透明玻璃杯
- 洗洁精
- 水
- 食用色素（蓝色和红色）
- 植物油
- 外用酒精
- 量杯

1. 取一个玻璃杯，倒入半杯洗洁精。

2. 用量杯将半杯水和一滴蓝色食用色素混合起来。

3. 慢慢倾斜玻璃杯，沿着玻璃杯的边缘缓缓倒入蓝色的水，使蓝色的水漂浮在洗洁精层之上。

4. 再次倾斜玻璃杯，沿着玻璃杯的边缘缓缓倒入一些植物油，使植物油漂浮在蓝色水层之上。

5. 用量杯将1汤匙的外用酒精和4滴红色食用色素混合起来。

6. 现在，你已经成了这方面的专家：慢慢倾斜玻璃杯，将红色酒精倒入玻璃杯，使酒精漂浮在植物油之上。如果不同液体之间发生了轻度的混合，那也没有关系。你可以把玻璃杯静置一会儿，随着液体的慢慢沉淀，玻璃杯中4层液体之间的界限会变得越来越明显。

刚刚发生了什么

现在，玻璃杯中的4个分层就像是地球的4个分层。红色的酒精代表地壳；植物油代表地幔；蓝色的水代表外地核；洗洁精代表内地核。如前所述，地球的分层并不全是液态的，但是它们确实拥有不同的密度。正如你制作的模型中的液体一样，地球的分层也是按照密度分布的。密度最高的分层（内地核）位于地球的中心，而密度最低的分层（地壳）位于地球的外缘。这是因为在45亿年前，地球形成和冷却之时，密度较大的物质下沉到了地球的中心，而较轻的物质则留在了靠近地表的地方。你制作的模型也运用了同样的原理。密度最大的分层（洗洁精）沉到了玻璃杯的底部，而密度最小的分层（红色酒精）则漂浮在最上层。

你是不是还不太明白这些关于密度的讨论究竟是怎么回事？你可以将密度理解为一个物体的质量（物体所含“物质”的多少）与其体积（物体所占空间的大小）之比。（我们所说的“物质”是指物质微粒，例如原子和分子。计算密度的公式就是用质量除以体积。）体积相同时密度更大的物品所含的物质更多。想象一下，一个棉球和一颗差不多大小的卵石，它们体积基本相等，但是卵石的密度更大。如果你将本次实验用到的液体各取半杯，然后称重，你就会发现洗洁精是最重的。因此，相较于水、植物油和外用酒精来说，洗洁精中所含的物质更多。嘿，这个实验听起来还蛮酷的对不对？你可以试试看！

圣安娜火山是位于萨尔瓦多的一座复式火山，最近一次喷发于 2005 年。

那座火山是我喜欢的类型！

所有的火山都是顶部有火山口的锥形山丘吗？当然不是！以下是供你探究的 4 种火山类型。

锥形火山 这是最常见的火山类型。相比其他类型的火山，它们的体型非常小。当你拿起笔准备画一幅火山图时，你就会首先想到它们。岩浆从唯一的出口不断往上冒泡，喷涌而出。火山的喷出物质形成一堆熔岩渣，然后硬化成一个山丘，山丘的中部形成一个碗状的火山口。

活火山带

地球上已知的大约四分之三的火山都位于同一个区域，这个区域被称为“活火山带”。这个地区环绕着太平洋，是地球构造板块运动最频繁的区域之一。（好吧，它们大部分是岩石，活动的周期是以百万年计的，所以你也不必费心去观察了。）阿拉斯加和夏威夷都位于这条活火山带上。如果一座火山正处于一个长期的深度睡眠状态，我们就称之为“休眠火山”。如果它正通过“打嗝儿”和“放屁”的方式不断地喷出熔岩，它就是一座活火山。全世界大约有 1500 座活火山（海底的火山不计算在内），几乎所有的活火山都位于这个活火山带上。尽管如此，你也不必咬着指甲担心。因为这其中仅有大约 500 座火山曾经喷发过，且大多数火山喷发都是温和平缓的，就像是小火慢炖的深平底锅。

复式火山 它也被称为成层火山，许多大型的、优美的，但也让人闻风丧胆的著名火山都属于复式火山，例如圣海伦斯火山。岩浆反复不断地从许多通道冒出地表，就像是地球在不停地呕吐。它们能够剧烈喷发，甚至能够从侧翼喷发，这是因为困在火山里的气体压力不断增大。一层又一层的熔岩、熔岩渣和火山灰不断堆积在山坡，使山体越堆越高。

盾状火山 这类火山的形成地区必须具有如下条件：这个地区的地壳层分布有成千上万条裂缝，于是，缓缓流动的岩浆能够渗透很广的区域，从而形成一个巨大的黑色玄武岩盾牌。在冷却之前，这堆物质看上去非常恶心，然而冷却之后却变成了一座肥沃的岛屿。事实上，夏威夷群岛就是一座座巨大的盾状火山！

穹形火山 它是由熔岩形成的圆顶状的突起。一些火山喷发的熔岩由于黏度太高，不能从火山口流远，于是只能在火山口附近冷却凝固，形成穹形火山。它们一般小于其他类型的火山，通常在复式火山的侧翼形成。

通古拉瓦火山是一座复式火山，位于厄瓜多尔，它能够喷发出熔岩、火山灰和火山碎屑。

课外活动

另类熔岩

你想用醋和小苏打来制作一座小型火山吗？它们非常有趣，看起来也很酷。但是，它们和真正的熔岩喷发其实是完全不同的。在这些仿造的火山中，之所以会冒出泡沫是因为醋和小苏打之间发生了化学反应，释放出大量气体。这和真正的火山喷发的原因是不一样的，虽然火山喷发期间也会释放出大量有毒气体。本次实验可以帮助你真正理解岩浆逃离地球的方式。你即将制作一座明胶火山，你可以往火山中注入“岩浆”，然后观察岩浆喷出顶部的整个过程！

活动器材

- 一位成年人助手，帮你处理热水和戳孔
- 2 个烹饪锅，或者一个烹饪锅和一个水壶
- 2 包原味的明胶粉（大约有 14 克）
- 水
- 植物油或烹饪喷雾油
- 大号搅拌勺
- 中号搅拌碗
- 一大张硬纸板（能够盖住你的搅拌碗即可）
- 铝箔纸
- 可以用来在硬纸板打孔的工具（例如锥子、烤肉叉或薄螺丝起子）
- 饼干烤盘或其他用来接滴落的“岩浆”的大盘子
- 4 个高脚玻璃杯（高度相等）
- 喂药器（不带针头）或玩具注射器或火鸡滴油管（在当地的药店或五金店的烧烤货架可以买到这些东西）
- 红色食用色素
- 旧毛巾

1. 用水壶或锅煮沸 1 杯半的水。烧开水存在一定的危险性，请一位大人来帮助你。同时，另取一个锅，倒入半杯冷水，然后撒入一包明胶粉。静置一分钟，然后在明胶混合物中倒入热水，搅拌至明胶全部溶解。

2. 在搅拌碗内喷一些烹饪喷雾油，或擦一些植物油（这样可以防止明胶稍后粘在搅拌碗上）。

3. 请大人将液体明胶倒入搅拌碗中，放入冰箱冷却数小时直至变成固态明胶。如果你觉得等待时间太过漫长，可以去了解一下一座真正的火山要等多久才能形成，这样你就不会觉得漫长了。

4. 如果你兴趣十足，请用不同形状的容器重复 1–3 的实验步骤（例如：面包烤模、果冻模子或馅饼盘）。这样的话，你稍后就会有更多可以用来做实验的仿制火山。

5. 用铝箔纸将硬纸板包好。这样一来，当你将你的火山放在纸板上后，纸板就不会变得黏糊糊的。

6. 在成人助手的帮助下，用你的锥子、烤肉叉或螺丝起子甚至刀尖在铝箔纸和纸板的中央戳 4、5 个小孔。

7. 将包裹了锡箔纸的纸板放在已经变凉的装满明胶的搅拌碗上，然后小心翼翼地将搅拌碗和纸板都翻过来，让固态明胶“扑通”一声落在锡箔纸上。（你可能需要等待几分钟，让搅拌碗变热。）你需要让明胶盖住纸板上的所有小洞。恭喜你，你已经成功制作了一座高耸的火山！

8. 取出你的饼干烤盘，将 4 个玻璃杯放在烤盘上，为你的火山制作一个底座。有了这个底座，你就可以触摸到你刚刚在火山底部戳出的小孔。同时，饼干烤盘可以接住所有滴落的明胶。将纸板和明胶置于底座上。

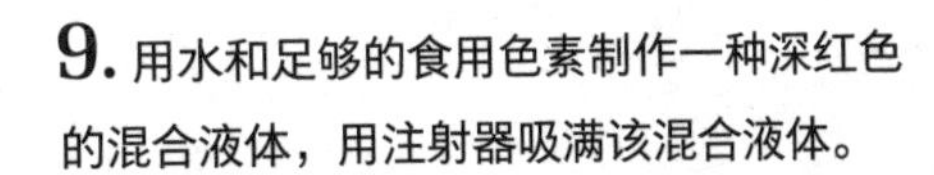

9. 用水和足够的食用色素制作一种深红色的混合液体，用注射器吸满该混合液体。

10. 准备一个旧毛巾，以便随时擦干任何滴落或渗漏的液体。将注射器刺入纸板底部的一个洞中。接下来进行第一次尝试，非常缓慢地将“岩浆”注射进明胶火山中。

仔细观察岩浆尝试涌出地表的整个过程。岩浆在火山中的运动是水平的还是垂直的？你能否预测出岩浆在何时何地涌出地表并形成熔岩呢？尝试在其他小孔中注射进更多的岩浆。如果你的熔岩直接从明胶底部泄漏出来，请尝试更用力地注射或在明胶顶部戳一些极小的孔（模仿地表出现的天然裂缝）。孔的位置会影响岩浆的运动方式吗？请尝试用不同的模子制作一些不同的明胶火山，火山的形状会影响岩浆的运动方式吗？

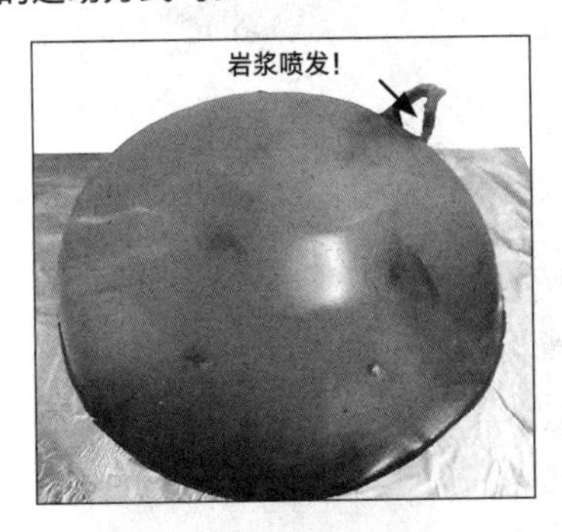

刚刚发生了什么

或许，“岩浆”缓慢地从你的“火山”中泄漏出来了。又或许，它是喷涌而出的。实验结果取决于明胶的凝固程度以及你注射岩浆的速度。岩浆受到大量来自地球和周围大气的压力，当压力达到极限值，岩浆就会从地球构造板块沿线的任何裂缝中逃离出来，喷出或渗出地球表面。

岩浆要么穿过地下岩石中现存的小孔或裂缝，要么开辟出新的裂缝。在你的透明火山中，你可以看见发生的一切。当岩浆终于涌出地表，它就被赋予了一个新名字——熔岩。随着时间的推移，真正的熔岩慢慢冷却，然后硬化成固态的岩石，被称为玄武岩。和所有的岩石一样，多年以后，在雨水侵蚀和风化作用下，它最终变成了土壤。植物喜爱火山土壤，这对于我们所有人来说都是幸运的。随着时间的推移，它们将在这个新的地方扎根，将变黑的废墟变成郁郁葱葱的绿洲！

熔岩全都是从圆锥形火山喷涌而出的略带黑色的块状物质，对吗？不！熔岩也有不同的类型，这取决于温度、矿物质含量以及火山喷发的位置。接下来，让我们认真学习一下熔岩的不同类型，成为一位熔岩专家吧……

渣状熔岩 这种熔岩表面非常粗糙，参差不齐，甚至呈现小尖刺状。它的流动速度很快，像一辆推土机一样清除掉所有障碍物。它的冷却速度很快，冷却后变得容易碎裂。当你踩在这种渣状熔岩上，会听到悦耳的叮当声。但是，你肯定不会想光脚踩在渣状熔岩上，除非你想要完全截掉自己的双腿。事实上，渣状熔岩的名字 A'a 来自夏威夷语，意思是“燃烧”。它的发音和你在它上面行走时发出的声音是一样的——啊！啊！

绳状熔岩 这种熔岩冷却硬化后，表面能够像一座停车场一样平整，或者像缠绕的粗绳卷或胡乱堆叠在一起的无数条树根。相较于渣状熔岩，它的冷却与流动速度较慢。绳状熔岩的名字来自夏威夷语中的 hoe，意思是桨，因为这种熔岩看起来就像是在水面划桨形成的水纹。

枕状熔岩 在地球上，大多数火山实际上都是从海底喷发的。在水下，熔岩能够形成一种独特的形状，看起来就像是一个蓬松的、能够将你昏昏欲睡的脑袋靠在上面的地方——但是很可惜，就算它形状再像枕头，也改变不了它是岩石的事实！

渣状熔岩

绳状熔岩

枕状熔岩

一些火山喷发了，但无人为之鼓掌（更有可能的是，人们会在自己的家园被夷为平地前撤离），但是也有一些火山成为超级岩石巨星。下面我们就来介绍给你5位岩石巨星。

庞贝古城 邪恶的维苏威火山是欧洲大陆唯一的活火山，这只野兽位于意大利的那不勒斯附近。在大约2000年前的公元79年，维苏威火山发生了一次猛烈喷发。庞贝古城的人们被活埋在了火山灰下。今天，你仍然能够在该地区发现他们惊恐的遗骸。如今，维苏威火山每隔几十年便会喷发一次（1944年至今尚未喷发）。现在，我们已经研发出了先进的火山预警系统，类似的特大灾难再次发生的概率已经微乎其微了。

庞贝古城的居民顷刻间全部死去，包括宠物。图为人们根据他们的遗骸铸造的模型。

喀拉喀托火山 也许你曾经看过原子弹爆发的图片，很可怕对不对？现在让我们设想将该破坏力扩大约13000倍，你就知道喀拉喀托火山所拥有的可怕力量了。喀拉喀托火山位于声名狼藉的活火山带，它造成了人类历史上最大规模的火山喷发之一。1883年8月，远在喀拉喀托火山4800千米以外的人们都听到了它爆发的声音，超过36000人死于这次灾难——火山喷发产生的热浪席卷了附近的岛屿并引发了海啸（海水形成的巨浪）。这一次的火山爆发是如此的剧烈，大量的岩浆喷射到空中，岛上的大部分区域发生坍塌，随后便被大海吞没了。

位于印度尼西亚的喀拉喀托火山将大量的火山碎屑喷发到了天空中，以至于影响了远至纽约的落日。

1980 年，圣海伦斯火山发生了一次剧烈的喷发，这是目前为止美国历史上死伤人数最多，经济损失最为惨重的一次火山爆发。

圣海伦斯火山 这座位于美国华盛顿州的火山休眠了 120 年，直到 1980 年，它开始不断地制造地球放屁的声音。当时，科学家们已经预测到了圣海伦斯火山的爆发。但是，地质灾害往往祸不单行，附近爆发的一次地震削弱了圣海伦斯火山的侧翼，接着“砰”的一声巨响！圣海伦斯火山侧翼的滚烫岩石喷发而出，火山泥流快速推移到了 24 千米外的地方，流动速度超过了 482 千米每小时。烟柱飙升到了 24 千米的空中，然后落回地球上，席卷了美国三个州，就连距离火山 400 千米以外的人们都受到了黑雨的袭击。

坦博拉火山 如果要评选出一座有史以来最恶劣的火山，那一定非坦博拉火山莫属。这座位于东南亚的火山造成了目前为止世界上有历史记载的最大的一次火山爆发——1815 年的一次大喷发彻底干扰了地球的气候，使 1816 年成为“没有夏天的一年”。大量的火山灰使头顶的整个天空都暗无天日，农作物停止了生长，大范围的饥荒也随之暴发，危害甚至波及欧洲和北美洲。

莫纳罗亚火山 夏威夷州是由一系列火山岛组成的。大部分火山岛是相当安静的，但莫纳罗亚火山除外。它是全世界最大的活火山，其高度超过海平面 4100 米，宽度也达到了数千米。另外，它总是时不时地放出地球屁。1843 年，人们开始计算它的喷发次数，至今已经喷发了 33 次（目前，最后一次爆发是在 1984 年）。

所以，我亲爱的朋友们，请严肃点，火山可不是闹着玩的。它们还拥有同样可怕的朋友——地震。如果你现在就想进一步了解地震的有关知识，请翻到“地震和地面塌陷”一章，准备好迎接隆隆声吧！或者，你也可以先翻到下一页，开始钻研木乃伊的世界！

木乃伊

木……木……木乃伊！如此的令人毛骨悚然，又是如此的神秘莫测！除非你这些年一直生活在墓穴里、否则你一定听说过这些绑着绷带的、潜伏在恐怖棺材里的尸体的故事。它们是如何进入棺材的呢？它们又为什么全身包裹着绷带呢？

来生大聚会

木乃伊可能听起来有点让人毛骨悚然，但实际上，木乃伊的制作是一门非常炫酷的科学——这种方式能够将曾经在地球上生活过的人或动物的尸身保存下来，不让它们腐烂或化为灰烬。说到纯熟的木乃伊制作工艺，我们就要追溯到古埃及时期。

5000 多年前，在肥沃的尼罗河沿岸，伟大的古埃及文明开始崛起。古埃及人笃信人死后会有来生——他们认为，人死后灵魂会重新依附在尸体上。毫无疑问，所有的古埃及人都不希望在一具腐烂的尸体上度过来生。于是，他们想出了制作木乃伊的方法，为他们逝去的亲人制作一个漂亮的“全新躯体”来度过来生。像所有优秀科学家一样，他们不断地从失败中吸取经验教训，久而久之，形成了一套成熟的制作工艺。

人死去的那一刻，尸体就会开始腐烂，想要阻止尸体腐烂需要有严谨科学的方法。古埃及人很早就注意到，尸体最早从内脏开始腐烂。于是，在整个木乃伊制

多么有趣啊！这里有一整座墓穴的木乃伊！

作的过程中，一个最早也最重要的步骤就是在尸体上切一个口子，取出所有湿润的器官——例如，肺部、肠道、肝脏和胃部。这样可以减缓尸体腐烂的过程，因为细菌（如果你已经阅读了“细菌”一章，你就应该知道细菌对动植物遗体具有分解作用）缺少了进行分解作用所需的水分。然后，古埃及人会将尸体浸泡到酒中，酒中所含的酒精能够杀灭更多的细菌。

古埃及人会在取出的内脏器官上撒盐，然后将它们保存在特制的小罐子中。他们会在尸体的眼窝中填满蜂蜡，为了制造出一种可怕的效果，有时还会在眼窝中填满小洋葱。脑部是人体最重要的器官，它又是如何处理的呢？好吧，古埃及人并不那么认为。他们会说，“到了来生，谁还需要大脑？那堆看起来像煮烂了的芝士通心粉的东西还有何用？”他们通常会用一个特制的钩状小勺从死尸的鼻孔中掏出脑髓，然后随意扔给偷偷躲在角落里的任何动物。还有一些殓尸官（安葬前负责尸体处理的人员的正式名称）会使用一项特殊的处理方式。他们会用一种特制的工具来回地搅拌颅内的物质，直至大脑开始液化。然后，他们会让液化的脑髓从尸体的鼻腔流出来。你可以想象一下，他们不断地吆喝，“这儿，这儿，来这儿吃，小猫咪”，然后大脑汤就被喂给了无比幸福的小猫咪们。人们会将心脏完好地保存在死者体内。在木乃伊制作完成之前，心脏会进行最后一次的称重。他们的目标是拥有一颗无比快乐、纯洁且轻如羽毛的心脏。接下来，让我们谈点轻松的事情！

古埃及人处理大脑的特制工具

很早以前，古埃及人就注意到了，遗留在沙漠中的尸体会逐渐变干，不会很快腐烂。事实上，最早期的木乃伊都是自然形成的，人们只需要将尸体埋在撒哈拉沙漠炽热的沙子中即可。撒哈拉沙漠中的沙子富含一种叫作“泡碱”的化学物质。泡碱是碳酸钠、小苏打和盐的混合物。在吸

课外实验

烤面包"法老"

活动器材

- 2片未添加防腐剂的原味白面包
- 2个塑料自封袋
- 永久性马克笔

让我们正式开始制作木乃伊吧！首先，我们先来回答一个问题，"事物的含水量会影响它的腐烂方式吗"。

1. 为了让实验更好玩，请用永久性马克笔在你的面包上作画，给你的每位"法老"画一张脸。将其中一片"法老"放入一个自封袋中封好。再将另外一片放入烤箱中，用中高火烤至酥脆，待其凉透后，放入第二个自封袋中封好。不要再打开自封袋了！

2. 你认为接下来会发生什么呢？两片"法老"会有不同吗？请做出一个假设。请将两个自封袋藏在一个隐秘的地方（一个不会被扔出去的地方），然后两三周以后再查看它们的情况。

刚刚发生了什么

你可能已经注意到了，相比我们那位烤过的"法老"，未烤过的"法老"长出了更多的霉点。细菌和真菌喜爱水分。烘烤移除了面包里的大部分水分，所以它的腐烂速度相对较慢。

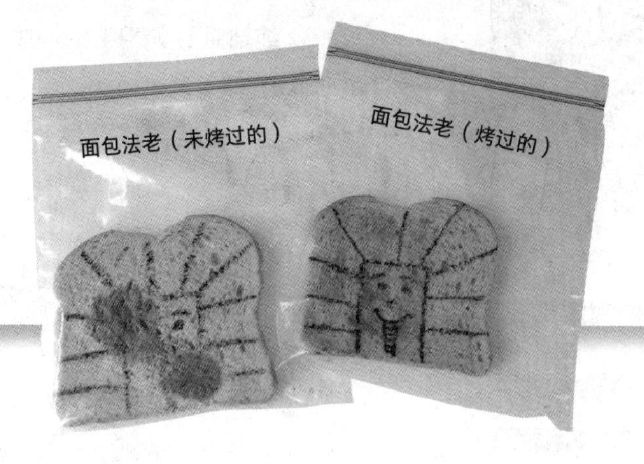

课外实验

盐"法老"

木乃伊的制作涉及一个非常关键的步骤，那就是在尸体上撒盐。在防止木乃伊发生霉变方面，哪种化学制品的效果最佳呢？让我们尝试用几种不同的家用化学制品将几片苹果制成木乃伊吧。在这个过程中，你可以观察和比较一下哪种化学制品的效果最佳，你也可以先做出一个假设，然后开始实验！

- 4 片大小差不多的苹果
- 4 个容量为 175 毫升的透明塑料杯
- 用来标示塑料杯的永久性马克笔
- 3/4 杯小苏打
- 3/4 杯泻盐（任何一家药店均有售）
- 3/4 杯食盐

1. 在几个塑料杯上分别标示好：小苏打、泻盐、食盐和对照组。

2. 取标示了小苏打的塑料杯，倒入少许小苏打，盖住杯底即可。放入一片苹果，然后倒入剩下的小苏打，使苹果片完全被覆盖。

3. 取出泻盐，重复上述实验步骤，同样使苹果片完全被覆盖。

4. 取出食盐，再次重复上述实验步骤，使第三片苹果也完全被覆盖。

5. 将剩下的一片苹果放进什么都没有的对照组的杯中。

6. 将 4 个杯子都藏在一个隐秘的地方。

7. 关于每片苹果即将发生的变化，你的假设是什么？将你的假设记录下来。

8. 一周后，取出杯子，仔细观察。发生了什么变化呢？在制作苹果木乃伊方面，哪种化学制品的效果最佳？

刚刚发生了什么

不是所有的白色粉末都是生而平等的。在防腐方面，小苏打是毫无用处的。小苏打中的苹果看起来很可能和对照组中的苹果差不多。大颗粒的泻盐的实验效果相对较好。但是，在使苹果保持较好新鲜度方面，食盐的实验效果是最佳的！

盐具有较强的吸湿性，也就是说它能够吸收水分。事实上，几个世纪以来，在世界各地，盐一直被用来腌制食物。在没有电冰箱的那段岁月，用盐使食物脱水是保存食物的最佳方式。在古代的一些地区，盐比黄金更金贵！另外，盐还能吸收细菌细胞中的水分，阻止细菌细胞的繁殖。因此，盐具有阻止细菌腐蚀食物的作用……同理可得，盐具有阻止细菌对木乃伊腐蚀的作用。泻盐并不是真正的盐，它是镁元素和硫酸盐产生化学反应后形成的类似盐的颗粒，它也能够吸收部分水分。

收尸体所含水分和防止细菌加速腐烂进程方面，泡碱发挥了巨大的作用。

所以，在取走内脏并用酒浸泡过后，木乃伊制造者会将尸体放进泡碱浴缸中。在泡碱中放置差不多六周后（想要制作优质木乃伊是需要花费大量时间的），这具含盐量极高的不含水分的尸体颜色会变暗许多。同时，它还会变得比原来瘦小，有点像泄了气的皮球。于是，人们会从之前那个用来移除内脏器官的切口处往尸体内塞入大量的碎布和木屑。此外，人们还会在尸体表面涂上一层药草制成的油，使尸体闻起来香香的。接下来，人们会再涂上一层树脂——一种松柏类植物的黏性分泌物，暴露在空气中会逐渐硬化。这样一来，昆虫和其他分解者就无法穿过坚硬的树脂进而破坏尸体了。吃树脂就像吃混凝土一样！

是时候打包了！

接下来，那具用盐脱干水分、内里塞满碎布和木屑、表面涂上药草油后又涂上树脂变硬了的尸体已经可以进行最后的打包了！礼品包装！古埃及人想要尽其所能地让尸体看起来与他生前并无二致。怎么才能让那些已经生活在来世的朋友和亲人认出这个新来的人呢？古埃及人想出了用树脂浸泡过的薄亚麻布条将尸体包裹起来的办法，这样一来，身体和脸部的外形就能被保存下来。这可能非常像你在艺术课上使用过的混凝纸浆。

首先，人们会将一块非常大的棉布或亚麻布剪成布条，然后，包裹的工作就开始了。人们会在每层绷带之间涂上树脂，然后用绷带将尸体的每根手指、脚趾以及

在南美洲的阿塔卡马沙漠，一头奶牛“扑通”一声倒下了，以坐着的形态成为一具天然风干的木乃伊。阿塔卡马沙漠每100年的降雨总量约为25.4毫米！它是地球上最干燥的地区之一。没有水分 = 没有细菌；没有细菌 = 不会腐烂；不会腐烂 = 一具非凡的、安息的木乃伊。

其他身体部位一层一层地包裹起来。人们还会将大量护身符夹在绷带之间，用来驱赶盗墓贼。然后，尸体的包裹工作就完成了。在将包裹得如同礼物一般的木乃伊放入被称为雕花大理石棺的特制棺材之前，他们还会在尸体上放一幅死者的画像或面具。

但是，这并不是下葬的全部物品。如果逝者生前是一位非常富有的埃及人，或者是一位法老——埃及国王或女王——那么陪葬物品将会极度奢华。黄金面具、珠宝，甚至家具和游船，所有的财宝都会被埋葬在身边！

接下来，是时候进行最后一步了。木乃伊们被放入了他们认为安全的雕花大理石棺中，最后被放进隐秘的墓穴，盗墓贼们再也无法找到他们（希望如此）。（猜猜最后的结果如何！几乎每一座埃及古墓都难逃盗墓贼的洗劫。也许，盗墓贼们只是想挑战一下法老们的权威而已。）

现代木乃伊

虽然距离埃及最后一具木乃伊的制作时间已有一千多年了，一些科学家仍然痴迷于研究木乃伊的制作过程。英国约克大学的埃及古物学家决定投放一则广告，寻找一位愿意在死后被制成木乃伊的志愿者。一位不幸患上了肺癌的出租车司机——艾伦·比利斯，偶然看见了这则广告。多年来，他一直过着平淡如水的生活。他想，如果被制成木乃伊，他就可以给他的孙子孙女们留下一点值得缅怀的东西，所以，他决定成为志愿者。2011年1月，比利斯先生逝世，科学家们开始将他的遗体制成木乃伊。

为了这一刻的到来，科学家们已经进行了数年的实验——用猪的尸体进行了制作木乃伊的实验多达200多次——但是，从未用真正的活生生的（嗯哼……好吧，应该是死去的）人制作过木乃伊。他们首先在比利斯先生的身侧切开了一个狭长的口子，然后取出了他大部分的内脏器官，包括8.5米长的肠道。人们体内的大多数细菌都生活在内脏中，所以，当然要取出肠道了！他们保留了他的心脏和大脑。然后，他们在比利斯先生被掏空的体内塞入装满亚麻布的小袋子，这样可以防止他的躯体变得扁平。

科学家们用一层蜂蜡封住了切开的口子，然后在比利斯的躯体上涂了一层厚厚的芝麻油、树脂和蜂蜡的混合物。然后，参考他们研究过的在古埃及木乃伊制作鼎盛时期制成的木乃伊，他们将比利斯的身体完全浸入了一个泡碱浴池中，为期35天。

接下来，就是最恶心的部分了：到了第21天，浴池中含盐量极高的水会变成血红色。含盐的液体溶解了比利斯先生剩余组织中的所有血液，于是，这些血液“像出汗一样”进入了浴池中。最后，在长达一个月的“沐浴”后，科学家们将尸体移出浴池。接下来，尸体被转移到了“沙漠”房间——一间极其干燥和炎热的房间，这里模拟了埃及沙漠的酷热环境。在接下来的两周，尸体将放置在此处。

进行到这一步，比利斯先生的皮肤变成了斑驳的灰绿色，但绝对没有腐烂。接下来，是时候将他打包成礼物了！科学家们小心翼翼地将他的每根手指、脚趾、腿部和胳膊单独进行了包裹。终于，比利斯先生的整个躯体包裹完毕了。他们再一次让比利斯先生的躯体“安息”，这次的安息将持续6周。

这行得通吗？比利斯先生停止腐烂了吗？他们将比利斯放在一台能够看清人体内部结构的CT扫描仪上进行检查。太神奇了！即使在躯体残留的最深层组织中，也没有发生任何腐烂。他真的变成了一具木

图特时期

法老图坦卡蒙的绰号是“图特王”，他的尸体是有史以来最有名的木乃伊之一。他之所以声名远播是因为他的墓穴在数千年后仍然完好地保存了下来。20世纪20年代，考古学家们终于确定了墓穴的准确位置，他们在墓穴中发现了各种各样了不起的物品，包括一个纯金的遗容面具。图特从此变成了全世界津津乐道的话题！但是，在该墓穴被打开后，它的几位发现者在几个月至几年里陆续死去。于是，一个可怕的关于“墓穴诅咒”的故事开始陆续刊登在各大报刊上，许多人开始因木乃伊而恐慌。这一切真的是古老的诅咒造成的吗？不大可能！——参与了该墓穴开启的大多数人度过了漫长的人生。这样看来，这更像是来自图坦卡蒙“法老的赐福”！

乃伊！科学家们打算对比利斯先生进行更加深入的研究。我们可以预见，几年后，他将会变成一具坚韧无比的黑色木乃伊，看起来和古埃及时期的木乃伊一般无二。对于比利斯夫人来说，她可以偶尔去看望她的木乃伊丈夫，他目前正在伦敦的戈登博物馆进行展览。而他的孙子孙女们则常常用毛巾把自己裹起来扮演“爷爷”。

木乃伊指所有保存下来的、没有腐烂的尸体。现存的木乃伊中有一些是人造的，而另外一些则是天然形成的。你已经了解了热量和盐是使尸体变干的重要条件，而冰冻则是保存尸体的又一种方式。如果一个人死亡地点的温度几乎不超过零摄氏度，那么他的尸体就会像保存在冰箱里的食物一样不会腐烂——保存相当长的一段时间。多长呢？1991 年，两位背包客从意大利登上了阿尔卑斯山的一处高山垭口，然后在一条冰河中发现了一具令人毛骨悚然的被冻住的尸体。他们猜想，肯定是哪个倒霉的家伙最近不慎滑倒，跌落山崖摔死了。然而令人惊讶的是，这具名为“奥兹”的尸体已经在这里待了 5000 多年了。奥兹保存得非常完好，研究他尸体的科学家们甚

课外活动

食物“法老”

接下来，我们将从头至尾演示一遍如何制作一具完整的埃及风格的木乃伊。

1. 用果蔬削皮器将苹果去皮。请格外小心，不要削到你的手指！接下来，用削皮器的尖端在苹果的上方挖出两个小凹痕，作为木乃伊的眼睛，然后再刮掉一些苹果肉，做出鼻子和嘴巴的形状。现在，你正在制作的是强大的“法老”的头部！

- 1 个苹果
- 果蔬削皮器
- 2 粒葡萄干
- 1 个葡萄柚
- 塑料小刀
- 1/2 杯外用酒精
- 剪刀
- 一个旧枕套，剪成大约 1.2 厘米宽，30 厘米长的条状
- 几根牙签或掰成两段的烤肉叉
- 2 根热狗，都切成两半
- 肉桂
- 丁香（可选）
- 1 大盒犹太盐（大约 0.9 千克重）
- 巧克力蛋糕盘，大约 22 厘米宽，30 厘米长

2. 在每个眼窝中各放入一粒葡萄干。

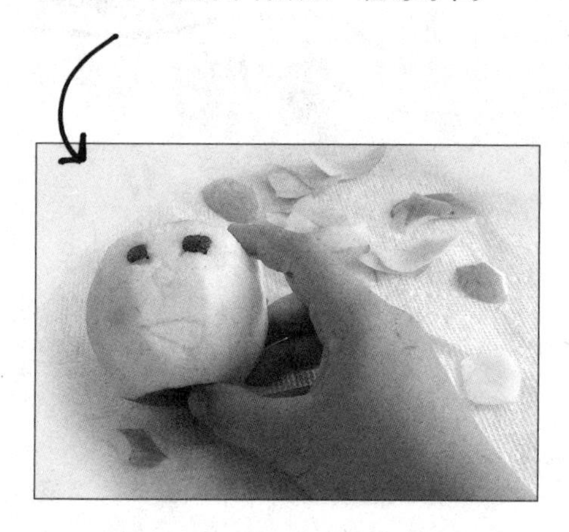

3. 接下来，取出一个葡萄柚。小心翼翼地在葡萄柚的一侧切开一条 8–10 厘米长的口子（可以请你的家长帮你切），然后用手指挖出它的“内脏器官”——也就是葡萄柚的果肉。现在，实验先暂停一下，津津有味地享用你刚刚挖出的葡萄柚果肉吧。

4. 古埃及人将尸体浸泡在酒池中。然而孩子是不能沾酒的，因此，请取 1/2 杯外用酒精，将它倒入葡萄柚切开的口子中，清洁一下“尸体”的内部。先搅拌一下，然后将葡萄柚拿到水槽上方，倒出其中的酒精。接下来，用一些布条填充葡萄柚的内部，使葡萄柚鼓起来。

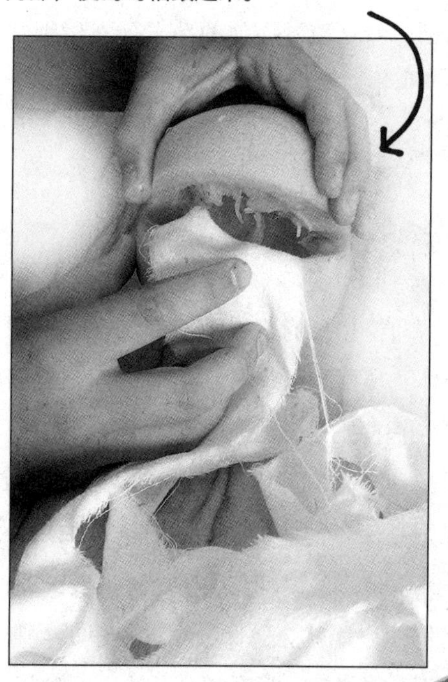

5. 用一根牙签将“头部”和挖空的葡萄柚连接起来。另取一些牙签，将代表胳膊和腿部的热狗与代表身体的葡萄柚连接。

6. 没人会喜欢臭烘烘的法老。所以，如果条件允许的话，请在“尸体”上撒一些肉桂粉和丁香粉，将它们想象成死者的除臭剂。这两种香料还能杀灭微生物呢！

7. 将“法老”摆放在巧克力蛋糕盘中，倒入整盒的犹太盐，直至将“法老”完全覆盖。接下来，就是等待的部分了。大约需要 4 周的时间这具“木乃伊”才能完全干透。

8. 4 周后，将蛋糕盘放在几张报纸或一个塑料垃圾袋上。将盐倒进附近的垃圾桶中，然后可以将你的木乃伊转移到盘子或其他的巧克力蛋糕盘中。

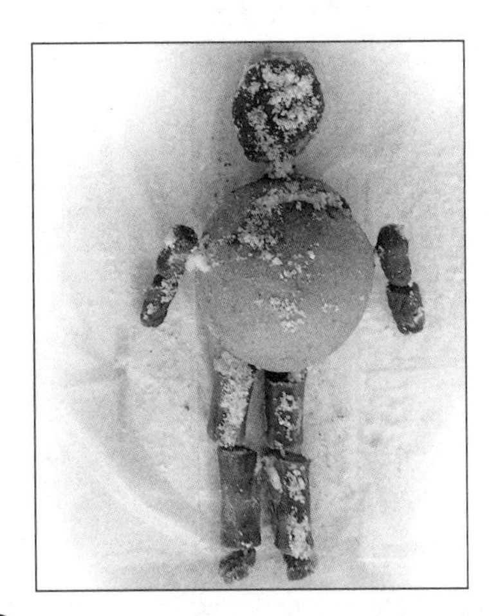

9. 仔细观察一下你的“法老”发生了哪些变化，对他进行一次嗅觉测试。

10. 如果你仍然兴致勃勃，还可以用从旧枕套上剪下来的长方形布条将它包裹起来。毕竟，每个孩子都应该拥有一个宠物法老！

刚刚发生了什么

细菌和真菌喜爱水分，所以，移除湿软的“内脏器官”有助于消除大量的“湿气”，否则它就会导致尸体的腐烂。由于酒精能够杀灭大部分病菌，因此将体腔浸泡在酒精中是杀灭病菌的另一种方式。香料也有利于消灭微生物。在木乃伊身上撒盐可以吸走剩余的水分，甚至能够吸走木乃伊胳膊和腿部——热狗上的水分。绝不给那些喜爱潮湿环境的微生物留一点机会！

加入木乃伊大作战

- 一个志愿者
- 一两卷卫生纸
- 透明胶带

你觉得包裹木乃伊是一件很容易的事情吗？请取出一两卷卫生纸，并找到一位“心甘情愿的牺牲者”，然后开始包装吧！

从右脚的脚趾开始吧，轻轻包裹住每一根脚趾，然后是脚掌。要注意的是，你制作的木乃伊应该像一个人，而不是一个盒子。另外，木乃伊还需要被移动！为了好玩，再邀请两位朋友一起来参加这次活动吧。你们可以举办一次竞赛，比比谁能够包装得最快、最整洁，以及在移动木乃伊时，包裹的卫生纸撕裂最少。

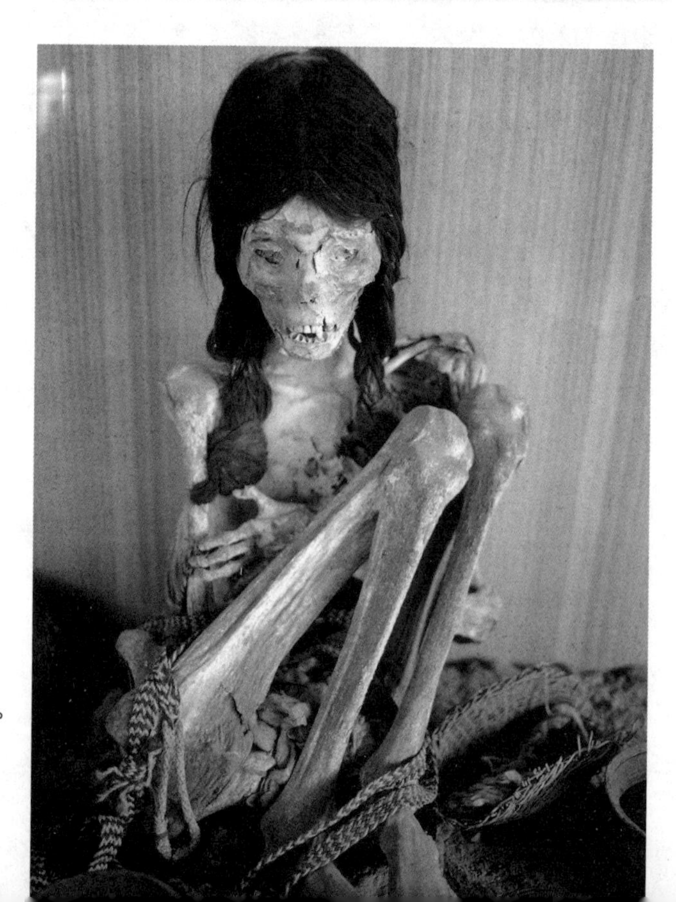

秘鲁发现的一具新克罗木乃伊。

至能够判断出他去世前吃过的食物（一份野山羊肉和一些谷物）。另外，在他体内还发现了鞭虫，这是一种肠道寄生虫。最恐怖的是，他们甚至推断出这个可怜的家伙极有可能是被谋杀的。他的肩膀处有一根箭杆，头部也受到了重创，这些都是相当具有说服力的线索！

奥兹是一具意外形成的木乃伊。除了古埃及人，其他地区的人们也存在有目的地制作木乃伊的习俗。在南美洲西海岸，有一片叫阿塔卡玛的广袤沙漠，那里的气候极其干旱。一些热衷于挖掘和寻找过去的考古学家们在那里发现了新克罗人7000年前制作的木乃伊——相比埃及人的木乃伊制作工艺来说，足足早了2000年。新克罗人发明了几种制作木乃伊的方式。其中一个最普遍的方式就是，先小心翼翼地剥下死者所有的皮肤，放在沙漠阳光下晒干，然后再用黏土和树枝重新塑造一个假人，最后把皮肤粘上去。你可以把它当成一具假人木乃伊。

我们刚刚一直在谈论在干燥环境中是如何保存尸体的，但是，在非常潮湿且充满淤泥的沼泽地区，也发现了一些木乃伊，准确来说是在泥炭沼泽中。泥炭是由一层又一层的腐烂动植物堆积而成的。某些类型的泥炭中富含酸性物质，同时，稠密的淤泥中几乎不含氧气，所以，细菌无法大量繁殖。现在，你已经知道了木乃伊的制作原理：没有细菌，也就不会腐烂。在北欧的某个地区，人们发现了数百具沼泽木乃伊。这些木乃伊中的大多数很可能不是有意保存的——他们或是不小心陷入了沼泽，或是被有意推入了沼泽。啊！考古学家们甚至还发现了有一具下巴上留有胡须的木乃伊，他的脖子上还套着绞索！我们一下就能猜到他是怎么死亡的……

泥炭中所含的化学物质能够很好地保存皮肤和毛发，但是不太适合保存骨头。在淤泥中闷了一千年后，沼泽木乃伊的骨头变得软绵绵的，看着有点像玻璃。为什么会这样呢？请制作几根沼泽骨，然后自己找出答案。

课外实验

制作沼泽骨

古埃及木乃伊的骨头是干燥易碎的，相比之下，沼泽木乃伊的骨头则是软绵绵的。为什么呢？因为沼泽中的积水酸性很强，酸性物质能够与钙发生化学反应，而钙是一种使骨头坚硬结实的矿物质。没有了钙就意味着骨头会变软！接下来，让我们一起了解一下酸性物质是如何去除骨骼中的钙质的——在本次实验中，指去除鸡腿骨中的钙质。

- 3 个差不多大的煮熟的鸡腿
- 2 杯柠檬汁
- 碗或旧玻璃缸
- 饼干或面包烤盘
- 塑料保鲜膜
- 塑料袋

1. 吃掉鸡肉，不断啃咬鸡腿骨头，直到鸡腿骨头上不剩一点鸡肉。（如果你是素食主义者，可以请一位食肉的朋友帮助你完成这项工作。）在水槽中将骨头冲洗干净。

2. 针对每根骨头经过处理后的形态分别做出一个假设。我们会将第一根骨头放进烤箱中烘烤，第二根泡在酸性液体柠檬汁中，第三根不进行任何处理（这是我们的对照组）。如果你还有多余的骨头，可以再放入另一种酸性液体中进行比较，例如醋。或者你也可以针对不同厚度的骨头进行假设。

3. 现在，开始实验吧！取一根骨头，将它放进一个碗中，倒入柠檬汁，使骨头完全浸泡在柠檬汁中。柠檬汁是一种酸性物质，与泥炭沼泽中的酸性物质的相似度非常高。

4. 将第二根鸡骨头放在烤盘上，然后放进烤箱。将烤箱温度调到 150 度，烘烤 45 分钟。待取出放凉后放进一个塑料袋中。

5. 将第三根骨头用塑料保鲜膜包裹起来，然后放在台面上不进行任何处理。

6. 3 天后，将 3 根骨头全部取出。依次尝试去掰断没做任何处理的第三根骨头、烤过的第二根骨头和浸泡在柠檬汁中的第一根骨头，比较一下有什么不同。

刚刚发生了什么

人体骨骼中含有大量的胶原蛋白（使骨骼柔韧的物质）和钙（使骨骼强健的物质），所以我们的骨骼既柔韧又强健。你大概已经注意到了，相比没做任何处理的骨头，烤过的骨头更易碎。烘烤移除了骨头中的大部分水分，同时也破坏了胶原蛋白。没有了胶原蛋白，骨头就会变得易碎，且容易断裂。

浸泡在柠檬汁中的骨头应该会变得柔软，能够稍微弯曲。这是因为柠檬汁中的酸性物质溶解了骨头中的钙，从而使骨头变得更软更有弹性。酸性的沼泽水的工作原理也是如此，只不过历时更长。你看，沼泽骨就是这样形成的！

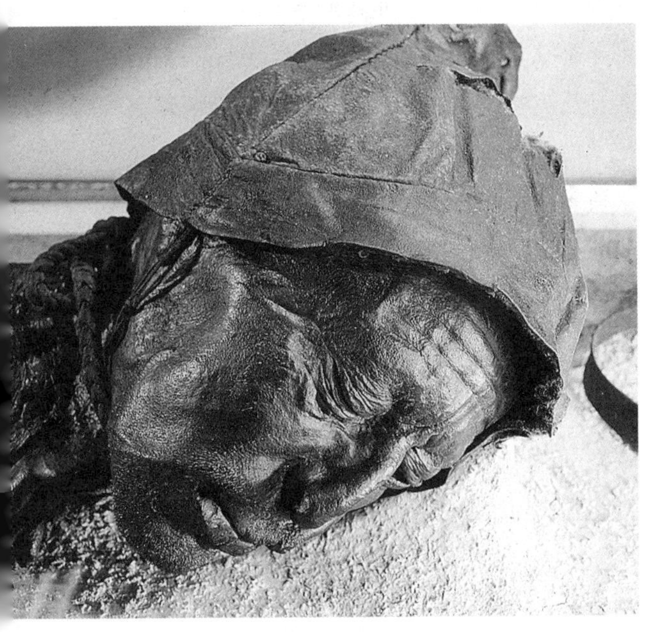

泥炭沼泽木乃伊

好了，本章就到此为止了！

古埃及人通过观察人体的内部构造，对人体骨骼有了深入的了解。如果你有兴趣进一步学习相关知识点，请翻到“内脏”一章，了解奶牛的肾脏和羔羊的心脏。或者，你也可以先翻到下一页，学习“烦人的噪音”一章，准备好捂住你的耳朵了吗？

烦人的噪音

指甲刮黑板的声音；超市里孩童的尖叫的声音；令人作呕的清除喉咙里痰的声音——那“咳！咳！咳！”的声音让你想要骂人。为什么总有一些声音会让你的耳朵想要“大声尖叫”呢？

有些声音令人心情愉悦——潺潺的流水声、甜蜜的摇篮曲、一阵微风轻轻拂过的声音。但是，这本书写的不是那些潺潺的、甜蜜的或温和的声音。我们这里谈论的是那些尖锐的、有害健康的、让你咬牙切齿的噪音！有些声音仅仅是过于响亮，而有些声音可能会让你的大脑失去理智。所以，听到噪音时你恨不得一直捂住耳朵吧。那么，就让我们来看一看，声音究竟是什么呢？

声音和空气是密不可分的。空气是由数以万计的气体小分子组成的，例如氮气和氧气。它们处于不停运动中，并且时刻萦绕在你的周围。你无法用肉眼看见空气中的分子，因为它们实在是太小了。但是，当你朝手指吹一口气，你就能感受到空气的流动。声音也能造成空气的运动，只不过以不同的方式。如果你朝你朋友们的脸上吹一口气，那么，来自你口中的大量空气分子会直接撞上他们的眼球，你很可能还会因此惹恼他们。但是，如果你在他身边发出低哼声或拍手声，空气分子会按照特定的模式来回移动。最终到达你朋友耳膜的分子和你发出该声音时移动的分子就不是同一群分子了。让我们来解释一下为什么。

当声音被制造出来的那一刻，我们似乎就能听见该声音。比如，你扔掉一本书，在你看见书落地的那一刻，你就能听到书触碰地板的声音。这是因为你耳朵和大脑的运行速度非常快，而声音的传播速度也非常快。但事实上，声音的传播速度比光的传播速度要慢很多。光速大约是声速的 90 万倍。回想一下雷雨天的状况：你看见了一道闪电划破天际，然后……稍等……稍等……再等一会儿……噼啪！轰隆！终于听见了雷声！闪电使空气的温度急速飙升到数千摄氏度，造成空气剧烈振动并向外膨胀——这就是你听见的雷声。你看见闪电和听见雷声之间会存在延时，这是因为相比光传播到你眼睛的时间，声音传播到你耳朵的时间则要长得多。

让我们假设你正在体育馆的一边玩耍，你最好的朋友站在另一边，你们之间有一大群别的孩子。你想要引起你朋友的注意。嗯……如果想省去穿过拥挤人群的麻烦，你如何才能让一个消息从房间的一头传递到另一头呢？你想到了一个绝妙的好主意！你用你的肩膀碰了下你身侧孩子的肩膀，然后说，“传递下去。”那个孩子有点莫名其妙地看着你，但还是将肩膀触碰传递给了下一个孩子。触碰继续在人群中传递，从一个孩子到另一个孩子。终于，触碰传到了你朋友那里，他稍显惊讶，然后意识到消息来自你。于是他跳起来，朝你咧嘴一笑并挥手示意！万岁！你没有迈动双脚，仅依靠肩膀触碰的力量完成了消息的传递。

这和声音通过空气分子的传播方式有几分相似，虽然声音的传播是四面八方的。当你拨动一根吉他琴弦，或者唱歌，或者朝你妹妹吼叫让她停止扯你的头发时，你附近的空气分子会与它们的邻居发生碰撞，而它们的邻居又会与邻居的邻居发生碰撞，邻居的邻居又会与邻居的邻居的邻居发生碰撞，如此循环往复（类似于肩膀触碰），直到声音终于传递到了某人的耳朵里。造成空气分子发生碰撞的条件是什么？当然是振动！

课外活动

山寨瓶子

- 2个一模一样的无盖玻璃瓶或塑料瓶

通常来说，山寨是不被允许的，对不对？大人们常告诉我们不要抄袭家庭作业或测试答案！不过，一旦涉及声学，山寨的过程就充满了乐趣！

1. 取一个瓶子，将瓶口靠近你的嘴巴，然后对着瓶口吹气。尝试用不同的角度和速度吹气，直到瓶子发出声音。

2. 既然你是一位技艺高超的瓶子音乐家，在对着第一个瓶子吹气的同时，请将第二个瓶子靠近你的耳朵，仔细听第二个瓶子发出的声音。你应该能够听到，第二个瓶子也发出了类似的声音。为了听清楚这个山寨的声音，你可能需要不断调整瓶子与你耳朵之间的距离。

刚刚发生了什么

所有物体都有一个固有频率：在不受到任何敲击、拨弄、拉扯或吹气的情况下，物体会有一个固有的振动频率。正是因为每件乐器都有一组固有频率，频率组合在一起的声音才那么悦耳（如果你知道怎么弹奏该乐器的话）！你的指甲刮黑板也有一组固有频率，但是这组频率可能会令你局促不安。

由于我们本次课外活动中使用的两个瓶子是一模一样的，因此，它们拥有相同的固有频率。当你对着第一个瓶子的瓶口吹气时，瓶内的空气就会开始振动。这个瓶子的振动传播到了空气中，部分振动碰巧与第二个瓶子发生了碰撞。这些振动的频率和第二个瓶子的固有频率一致，因此，第二个瓶子会发出一个山寨的声音。科学家们将这称为“共振”或“共鸣”。幸运的是，除非你手中的材料拥有相同的固有频率，共振才会发生。不然的话，每次你在课堂上放屁，你就不得不忍受书本、海报和书桌一起朝你放屁的声音！

在保证能够产生共振的情况下，试验一下瓶子能够产生山寨声音的最远距离有多远。请一位朋友紧挨着站在你旁边，然后将第二个瓶子放在他的耳边。当你朝第一个瓶子吹气时，你的朋友应该能够听到第二个瓶子发出的声音。接下来，不断扩大你们之间的距离。在保证产生共振的情况下，测出你们之间最远的站立距离。

课外探索

大米迪斯科

让我们来研究一下传播中的声音，亲眼见证声音制造的振动吧——观看大米随着旋律翩翩起舞！

活动器材

- 塑料保鲜膜碗
- 橡皮筋
- 生大米（或其他细粮）
- 鼓（或者一个盆和一个木勺）

1. 用塑料保鲜膜将碗密封好，然后再用一根橡皮筋把保鲜膜紧紧地固定在碗上。

2. 在塑料保鲜膜上撒上十几粒生大米。

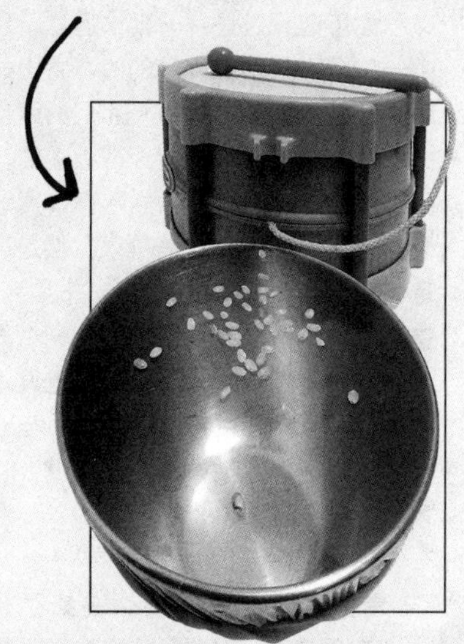

3. 接下来，制造出大量噪音！比如说，取一个鼓或盆，放在离碗很近的地方，然后猛烈地敲击鼓或盆（但是不要直接敲碗）；或者，你也可以放声歌唱。这时，你应该可以看见大米在塑料保鲜膜上轻微的振动和位移。这是一场在厨房里举办的小型大米迪斯科！

刚刚发生了什么

你的鼓声使空气发生了振动。那些振动“触碰”了保鲜膜，使保鲜膜发生了振动，从而使大米也发生了振动。塑料保鲜膜非常薄，所以它比其他材质更容易发生振动。如果你把装了米的碗放在一个声音很大的人旁边，会发生什么呢？大米对低音音符的反应更大，还是对高音音符的反应更大？大米喜欢跟随什么样的音乐翩翩起舞呢？

什么声音让你想塞住耳朵？是刺耳的警报声，还是号哭不止的婴儿？

感受振动

取一根橡皮筋，套在你的拇指和食指上，然后朝相反的方向拉伸。接着，用你的另一根食指拨动橡皮筋，它就会发生振动，也就是说它会飞速地前后移动。这种快速的前后移动不断挤压和拉开橡皮筋周围的空气分子。挤压——拉开，挤压——拉开……于是形成了一种固定的振动模式。你的声带就像是橡皮筋，当你说话时它也会发生振动。不相信的话，可以将你的手指轻轻放在你的喉部，然后发出低哼声。

感受波浪

你去过海边或水上公园吗？你观察过波浪吗？振动产生的能量也会在波浪中传播，在海洋中，这个海浪与下个海浪之间存在一定的间隙，且海浪也有大小之分。被极速落在头上的巨浪猛拍和随着小波浪轻轻地上下浮动，这两种感觉是截然不同的，对不对？

我误信了错误的观念

你可能看过这样一部卡通片。片中一位歌剧演员张开她的嘴，发出一声长长的悲鸣。紧接着，人们的眼镜片就开始碎裂，歌剧院天花板上的水晶吊灯也开始破裂。人类的声音真的能够粉碎玻璃吗？的确可以，但是声音能够震碎玻璃的难度非常非常高。首先，玻璃必须非常薄，比如一个昂贵的葡萄酒酒杯；其次，玻璃上原本就存在一些微小的裂痕。这样，当一定频率的声音振动碰撞到了玻璃，它才有可能会破裂。

Discovery 探索频道有一个叫《流言终结者》的节目，邀请了一位拥有超高嗓音的摇滚歌手——杰米·温德拉——来验证这个理论。这次实验用到了 20 个玻璃杯，最终凭借一个 105 分贝的超高音，他成功粉碎了其中一个玻璃杯。这是有史以来人们获得的第一个视频证据，证明了人类的嗓音确实能够粉碎玻璃。

弄断那根芦笛！

- 几根吸管
- 剪刀

下面是一个制作简单但非常刺激耳朵的噪音制造器，它将让你的全家都头疼不已。他们很可能会立刻吼出我们这次课外活动的名字——弄断那根芦笛！另外，在下一个要进行的实验中，你可能还会用到这根芦笛。

1. 用你的手指将一根吸管的一端压平。

2. 用剪刀剪掉压平的吸管的两侧和中部，修剪出一个鸟喙的形状（如下图）。每个开口长约1厘米。

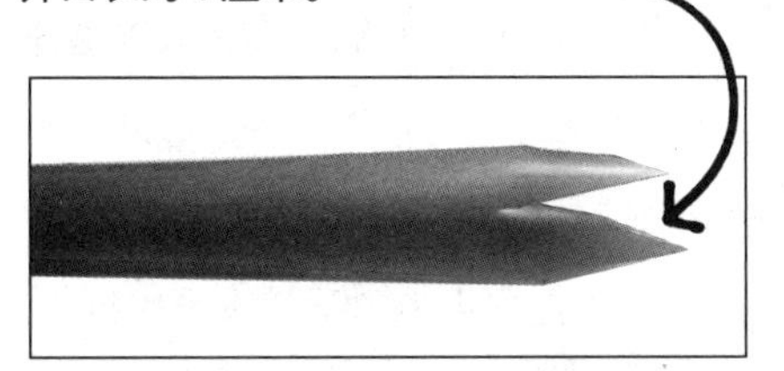

3. 将制作好的吸管放进你的嘴巴（注意不要被尖端戳到舌头），鸟喙部分不要露在唇部外面。现在，鸟喙被完全置于你的口腔中了。

4. 用力对着吸管吹气。为了制造出讨厌至极的噪音，你可能需要稍微调整一下吹气的位置。或者你也可以将吸管弄得更平整一些或将开口剪得更深一些，或者你可以更大力或更小力吹气。从尖锐的吱吱声到低沉的雁鸣声，你可以试着吹出大幅度的音阶变化。

5. 接下来，一边吹一边在房间里四处走动吧，直到有人大喊："弄断那根芦笛！"

6. 可选步骤：剪掉吸管的另一端，让吸管变短一些，看你能否做出一件音调不同的乐器。将几根不同长度的芦笛同时放进你的嘴巴，吹响一组音调丰富的排箫。

刚刚发生了什么

你在吸管上剪出鸟喙形状的那一端就相当于木管乐器的簧片，萨克斯和单簧管都是木管乐器。当你吹气时，喙的一侧会与另一侧发生振动，于是产生了声波。与萨克斯或单簧管不同的是，芦笛的声波模式有点杂乱无章，所以它发出的声音很糟糕。

较长的吸管吹出的声波也较长。较长的声波拥有较低的频率，因此也拥有更低的音调。当你将吸管剪短，你就能吹出更高的音调。乐器也运用了相同的原理：改变钢琴或吉他琴弦的长度，或改变管乐器内气柱的长度，就能奏出不同的音调。

音乐还是噪音？

优美的音乐和难听的噪音之间究竟有什么不同呢？简单来说，音乐是有规律的声音，有点像秩序井然地沿着走廊行进的孩子们。音乐拥有按照特定秩序排列的特定频率，且都是遵循数学规律的。噪音听起来是杂乱无章的，就像是无人管理的学校食堂。噪音拥有的所有频率都是随机且混乱的。

松软的声音

如果想要向你最喜欢的家长表述得更准确、更学术一些，那么你可以告诉他，声波就是一种压缩波。这是因为当振动在空气中传播时，会压缩一侧的空气，使得这部分空气变密，另一侧的空气则变稀疏。声源不断地左右振动，空气中会形成一种疏密相间的波动，振动就通过这种模式向远处传播。回到我们之前说的那个体育馆的例子，我们所有人都需要一定的个人空间，如果你过于靠近你旁边那个孩子（快要碰到他的脸），他肯定会觉得不自在，于是往后退。这样，他就很可能与他旁边的孩子发生碰撞，这个孩子又会往后退，与他旁边的孩子发生碰撞，这个孩子又会往后退，以此类推。碰撞孩子导致空间压缩的这种模式就会在人群中传播。声音通过空气分子以相似的方式进行传播，不断被压缩，然后解压，循环往复。

当一个婴儿号啕大哭时，声波不断在空气中传播，直到你耳朵旁边的空气分子受到撞击，然后又撞上你的耳膜。随后，你的耳膜会发生振动。在你的内耳中，一些小骨头、某种液体和极小的毛发共同将振动转化成听觉信号。该信号沿着你的听觉神经传播到你的大脑。然后，你的大脑将它解读成声音，或者“麻烦哪位让那个婴儿停止号哭！！！”

我们采用分贝标度来衡量声音的大小，数字越小，声音越柔和。长期暴露在高分贝的环境中会损害你的听力，损害的程度取决于你暴露在该环境中时间的长短。还记得我们在本章“松软的声音”中提到过的那些极小的毛发吗？受损的就是那些毛发，而它们有助于缓解噪声引起的听力下降。

如果是85分贝的声音（例如拥堵的城市交通或学校食堂的声音），你的耳朵能够承受8小时而无负面影响。如果是88分贝的声音，你的耳朵就只能承受4个小时了。如果是94分贝（例如一辆摩托车驶过的声音），你的耳朵就只能承受一小时了。如果是高达105分贝的声音（例如你将耳机调至最大时的声音），短短4分钟后，你的听力可能就会开始受到损伤。如果是摇滚音乐会的噪音（115到120分贝），你的耳朵真的只能承受30秒。请格外注意你周围的噪音！否则，当你垂垂老矣，你就只能不断说着，“什么？你能再说一遍吗？再说一遍？”……还有，听摇滚音乐会时，请记得戴耳塞！

一只非常小的老鼠排便的声音。

夹紧的臀部放出的臭屁声。

一次突击考试时，铅笔潦草书写的声音；快速翻试卷的声音；学生坐立不安的声音。

正式的宴会上礼貌交谈的声音。（不是那种你和你的兄弟姐妹大声争吵，让父母抓狂的声音。）

年迈的里奥叔叔躺在沙发上打鼾的声音。呼……呼……

正在播放一首非常高亢的歌曲时，将你的耳机声音调至最大。（所以，小傻瓜，赶紧将声音调小一点，救救你的耳朵吧！）

全世界最响的饱嗝儿的声音，它的世界纪录保持者是保罗·胡恩。这个声音比地狱天使的一位摩托车手在红灯前加速引擎的声音还要大！

救护车的警报声，或一场摇滚音乐会现场的声音，包括那些狂热粉丝的尖叫声。

一个手提钻钻破人行道的声音。

七月四日（美国独立纪念日）的烟花声。（所以，请在远处观赏烟花！）

你可以用分贝标度来衡量声音是安静还是吵闹。此外，我们还能够衡量声音的频率，这得益于一位德国物理学家海因里希·赫兹。你现在已经知道声音是以声波的形式传播的。人们用“频率”一词来描述一定时间内声波的数量。频率的单位是赫兹（正如米是衡量长度的单位一样）。1赫兹就是指每秒一个声波。深沉的低音，它的频率大约为28赫兹，例如钢琴左侧琴键发出的声音。高音调每秒拥有的声波更多，其频率可以达到4200赫兹。人类能够听到频率为20赫兹到20000赫兹范围内的声音。任何高于20000赫兹（超声波）或低于20赫兹（次声波）的声音，我们都是听不见的。

有些动物能够听见超声波。例如：猫能够听见频率高达64000赫兹的声音。蝙蝠能够快速轻击它们的脚趾，制造出频率高达110000赫兹的声音。海豚是超声波大赛的冠军！它们能够听见频率超过150000赫兹的声音，也非常擅长利用耳朵在黑暗浑浊的海水中寻找猎物。

那么，它们是如何利用声音寻找食物的呢？你知道吗？蝙蝠和海豚都能发出尖锐的声音，它们的声波向外扩散，如果碰到一个障碍物，就会以回声的形式弹回来。它们这种通过声波回声定位猎物的方式，被称为“回声定位”。

声波频谱的另一端是那些低语者，如长颈鹿。你听到过那些家伙们的谈话声吗？你肯定没听到过。事实上，它们是相当健谈的，但是你听不见它们的声音，因为它们的声音频率低于20赫兹。它们的声音非常适合用来闲聊，聊些什么呢？当然是关于那些正在野外观兽旅行途中，坐在面包车上呆呆看着它们的游客的八卦！

说到音乐，我们通常是“萝卜青菜，各有所爱”。有人喜欢重金属，也有人认为重金属乐师是想摧毁全人类的耳膜。那么，哪些是大多数人眼中最烦人、最有害健康的噪音呢？不知道你有没有过这样的经历——当你想要睡觉时，一只蚊子不停地在你耳边发出嗡嗡声，让你感到心烦意乱；当一辆响着刺耳警报声的警车或救护车在你身边呼啸而过时，你忍不住紧紧捂住了双耳……在英国纽卡斯尔大学进行了一次实验研究，为了找到那个最糟糕的声音，志愿者们大约听了74种烦人的声音，并对其进行打分，最终评选出的最令人类心烦意乱的噪音有以下几种：

★ **叉子在玻璃上刮擦的声音**

★ **粉笔或指甲在黑板上刮擦的声音**

★ **单车刺耳的刹车声**

★ **婴儿的啼哭声**

★ **电钻的声音**

声音的传播速度很快：常温下，声音在空气中的传播速度能达到 340 米每秒，在液体中的传播速度是空气中的 4 倍，而在固体中的传播速度甚至更快！（这是因为，固体中的分子排列得最紧密，使振动快速从一个分子传到另一个分子。将你的耳朵靠在桌面上，然后请一位朋友轻拍一条桌腿，这样你就能测试声音在固体中的传播速度了。）接下来，我还要介绍一件非常炫酷的事情。当喷气式飞机超音速飞行时（飞行速度等于或大于音速），会产生一个让人叹为观止的景象：飞机周围会形成一道“隐形的墙”，也就是“音障”。飞机在穿过音障时，会制造出连地面上的人都能听到的巨大噪音——一个你的胸腔几乎都能感受到振动的轰鸣声——这就是“音爆”。音爆形成的原因如下：当飞机以正常的速度飞行时，它的周围会形成一系列的压力波，这些声波以音速传播。但是，当飞机的飞行速度突破音速后，声波就会在飞机后方挤到一起（或被压缩）。当飞机穿过声波屏障，就形成了音爆。

当这架美国海军 F/A-18 黄蜂号战机突破音速后，其周围形成了一层锥状的薄雾。

课外实验

讨厌的声音

你大概知道你的家人或朋友最爱的声音。你知道哪个阿姨喜欢鸟鸣声，也清楚哪个表亲崇拜贾斯丁·比伯。但是，他们最不喜欢的声音是什么呢？别听他们说，因为他们可能自己都不知道。想知道哪些声音会让他们恨不得找对耳塞把耳朵堵上吗？唯一科学的方式就是进行一次实验。

以下仅是一份我们建议的材料清单。四处巡视整套房子，尝试一些其他的材料，直到你找到最烦人的声音。

- 玻璃瓶
- 指甲
- 黄油刀
- 叉子
- 迷你黑板
- 粉笔
- 背包或大号纸袋

1. 收集一些用来制造噪音的日用品，然后秘密练习噪音制造技术。你可以尝试在玻璃瓶上刮黄油刀、叉子和标尺，也可以在迷你黑板上刮擦粉笔或指甲，还可以不断尝试改变物体之间的摩擦角度。如果你有录音设备，还可以将这些噪音录下来，稍后再播放出来比较一下。实验前，可以先做出一个假设，哪些日用品发出的声音最令受试者感到痛苦。

2. 将你所有的日用品放进背包或纸袋中，不要被别人看见。

3. 向你的朋友或家人解释清楚，你想要进行一次实验以找出最烦人的声音。在进行实验前，先要得到他们的允许，任何优秀的科学家都会这么做！

4. 让你的受试者闭上眼睛，然后开始制造各种各样糟糕的噪音吧。请你勇敢的志愿者给听到的噪音进行打分，范围从 1(愉快的）到 10（难以忍受的），记录下实验的结果。

5. 尽你所能地找到更多的志愿者，重复 3 和 4 的实验步骤。

6. 当所有的实验都进行完毕后，揭示那些噪音的来源，并请你的受试者分享一下他们为什么觉得有些声音极度难以忍受。你的假设正确吗？当他们知道噪音的来源后，他们惊讶吗？是什么特别的原因让一些声音听起来没有另外一些声音那么让人难以忍受呢？

刚刚发生了什么

科学家们也不确定人们为什么觉得有些声音令他们如此痛苦。令人惊讶的是，最令人讨厌的声音的频率往往也在人类说话频率的范围内（150 到 5000 赫兹）。有一些声调很高的声音让人想要把手指塞进耳朵里，它的频率和人类或黑猩猩尖叫的频率差不多（2000 到 4000 赫兹）。这些尖锐的声音大概会让我们的大脑误认为正处于危险之中吧。关于这点，科学家们还提出了另一个理论。该理论认为人类耳朵的形状会使一些声音比另一些声音造成的生理痛苦更大——就像是被尖锐的东西戳了一下。最后，还有一些研究结果显示，如果人们潜意识是认为某种声音很烦人，那种声音就会让你很烦躁。如果你重复本次实验，但这次让受试者睁着眼睛，你可能会得到不同的回答。无论出于何种原因，我们都觉得，有些声音我们希望永远都听不见！

为你的耳朵欢呼鼓掌吧！

它们实在是太神奇了！接下来，还有更多其他的感官等待着我们去探索。下一章：恶心的气味。是时候给你的鼻子一个反抗的机会了！

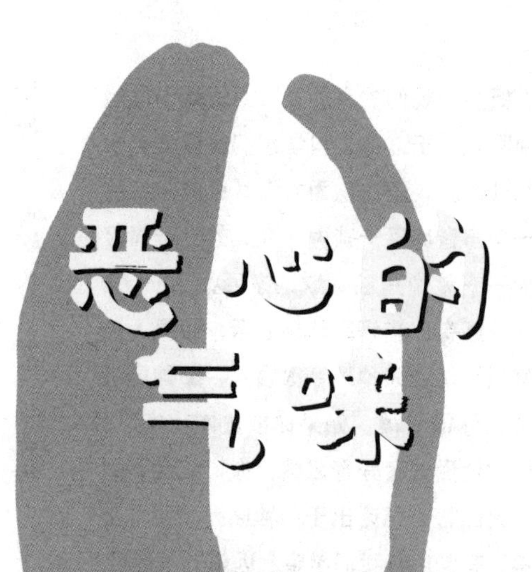

去吧，我们谅你也不敢这么做。当你放学回到家后，脱掉你的鞋子和袜子，然后把鼻子凑到脚趾间。太臭了！然而，脚不是鼻子唯一的冒犯者。我们生活中还有很多臭气熏天的东西——腐烂的垃圾、大汗淋漓的胳肢窝、死鱼，更不必说那只刚刚受到极度惊吓后翘起尾巴的臭鼬。

在人体的所有感官中，鼻子是一位超级英雄。你的耳朵能够辨认出50万种不同音调，这是令人印象深刻的。不过，比起眼睛能够辨认出的约1000万种不同颜色来说，耳朵的辨认能力简直是不值一提了。然而，所有感官中真正的冠军是鼻子——它能够辨认出10亿种不同气味！这并不意味着你的鼻子能够记住所有这些气味，但是，它很可能能够辨认出无数张刮刮香味贴纸气味间的不同。

那么，鼻子究竟是如何闻到这些气味的呢？气味是由某种物体散发出来的，比如腐烂的垃圾、热可可或金枪鱼……这些物体释放出自身极微小的一部分（物质分子），扩散到空气中。飘浮在空气中的微小气味分子，经由微风扩散到四面八方，其中的部分分子被吸进了你的鼻子。在这里，它们会黏附在嗅觉接收器上，就像一把插入锁中的钥匙。然后，一条条信息经由嗅觉神经传送到你的大脑，大脑就会将这条信息解读为一种气味。你的大脑如同一座巨型图书馆，能够同时存储气味和事件。你有没有感叹过某些气味会让你立刻回忆起一些特定的地方或事件？如果有，那你其实就已经有过大脑迅速查阅它的“气味百科全书”的体验了。

你的鼻子似乎天生就具备判断气味好坏的能力。因而你知道，在闻到那些散发美好气味的事物，例如苹果派或鲜花时，你可以深吸一口气；当你闻到一大堆腐臭的狗屎的气味，更有甚者，在地下室闻到危险气体泄漏的气味时，你应该马上离开。毫不夸张地说，你的鼻子就像一个救生员，是带你逃离危险的终极预警系统。但是，这必须是在它能够正常工作的情况下。

假设你遭遇了一种可怕的气味，比如硫化氢——这是一种在日常生活中并不常见，有毒且易燃的爆炸性气体，闻起来有一股臭鸡蛋的味道，高浓度的硫化氢不仅会使你的眼睛流眼泪，让你的鼻孔和喉咙出现烧灼感，而且还会使你的大脑下意识地认为这是一次可怕的感官攻击，进而停止运作，使你暂时失去嗅觉。也就是说，一个臭气弹能够让你失去所有的感官。有毒的化学物质会让生存变成一件非常糟糕的事情。这是因为，一旦吸入了几口高浓度的硫化氢气体，就会使人丧命。所以，如果你在一家废弃物处理厂或一个粪肥农场工作，请时刻注意你的鼻子，一旦闻到了有毒气味发出的红色警报信号，请立即离开这里！（你肠道中的细菌也会制造出不具危险性的少量硫化氢。）

你的小鼻子是你身上所有感觉器官中最灵敏的。但是，在你趾高气扬地为你灵敏的鼻子感到自豪之前，你要清楚：人类并不是动物王国中嗅觉最灵敏的。很多动物对气味的检测能力要远远优于人类。寻血猎犬——又被称为“嗅迹猎犬”——拥有一个嗅觉是人类1000倍的大鼻子。寻血猎犬能够嗅出某人一天前脱落的极小皮屑的气味。因为每个人的皮肤闻起来都略有不同，所以，警察经常利用寻血猎犬来追踪失踪者或罪犯。真的是一种非常有用的狗！然而，寻血猎犬仍然不是动物王国中嗅觉最灵敏的动物。让我们赞美一下大灰熊吧！这些凶猛可怕的、身材像毛球一样的家伙，它们的嗅觉甚至比寻血猎犬还要好上数倍。它们能够嗅到远在30千米外的食物的气味。另外，非洲象的强大嗅觉也

课外实验

鼻子知道

大部分人主要依靠他们的视觉和听觉来了解这个世界。同样的，你的嗅觉也能帮助你了解周围的环境。邀请几个鼻子（你可以在你朋友的脸上找到它们）来参与我们的实验，然后测试这些鼻子究竟知道多少。

- 大约 10 种拥有不同气味的物品
- 自封袋
- 马克笔
- 有嗅觉的人

1. 收集一些气味样品。除了抽水马桶里的东西以外，任何东西都是可以的。你可以试试不同的香料、水果片、滑石粉、草屑、铅笔屑、一小片除臭剂、满是汗渍的袜子，或者一块在你家臭气熏天的鞋子中塞了整整 30 分钟的破布。

2. 将每个物品分别放入一个自封袋中。如果你无法通过眼睛辨认出袋子里的东西，请用马克笔在袋子外写下袋中物品的名称。

3. 第一轮测试：请一位朋友闭上双眼，然后将一个打开的样品袋放在他的鼻子下。请他仔细闻一闻，然后尝试猜出袋中的物品。取出其他样品，重复上述步骤。

4. 第二轮测试：制作一些混合样品袋（例如，肉桂和西红柿片、铅笔屑和肥皂、满是汗渍的袜子和茶包）。看你的朋友是否能猜出每袋中的所有物品。如果想挑战一个难度更高的测试，请制作一个包含三种不同物品的样品袋。

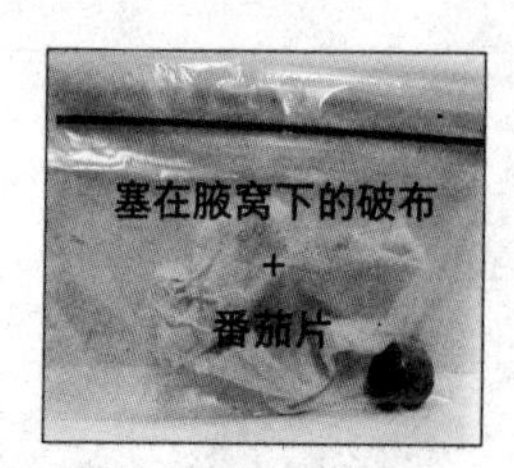

5. 现在轮到你了。交换测试者和嗅探者的角色，让你的鼻子也进行一次相同的测试。你的鼻子表现如何呢？

刚刚发生了什么

在第一轮测试中，你的鼻子可能表现很好。但是，即使你的嗅觉非常灵敏，也有它的局限性。在第二轮测试中，你就可以看到这一点。即使是拥有绝佳嗅觉的人，也很难分辨出三种以上的混合气味。如果多种气味同时出现，你的鼻子就可能不堪重负，一些气味可能会被另一些更重的气味覆盖。事实上，这就是为什么有些人会在身上喷香水的原因，这也是为什么除臭剂会有香味的原因。强大的挥发性化合物可以覆盖难闻的体味，从而让周围的人闻不到。在室内厕所出现之前，人们都是在大街上排泄，你会经常看见人们拿着涂抹了芳香油的手帕捂在鼻子上以掩盖难闻的气味。

这只小狗依靠嗅觉追踪到了一个犯人！

同样值得我们为之喝彩欢呼。非洲象拥有最多的嗅觉感受器——差不多2000个！如果一个生物拥有像非洲象一样硕大的鼻子，你觉得它的嗅觉如何呢？

快点！捂住你的鼻子！

为什么人类时不时会有体臭呢？如果你是一位才华横溢的科学家，你就应该知道，屁、粪便以及成年人满是汗渍的腋窝，之所以散发恶臭全都是因为细菌。那么，细菌又是如何做到的呢？让我们一起来找出答案吧！

课外活动

30分钟

臭气标度

- 笔记本
- 用来做记录的笔

如果你已经阅读了“烦人的噪音”一章，你就应该知道分贝是衡量声音大小的标度。人们常常用里氏震级来衡量地震的强度，用沙费尔·辛浦森制飓风标度来衡量飓风的强度，用藤田标度来衡量龙卷风的强度。但是，可惜的是，可怜的小气味却没有自己的标度。你接下来的工作是什么呢？那就是发明一个臭气标度。

你专属的臭气标度一共分为10级，1代表能够想象到的最美好的气味，5代表基本正常，10代表“我要吐了”。在接下来的几天，给你闻到的所有气味评级。你舅姥爷伊戈尔混合着鲱鱼和雪茄味的口气绝对算得上是10级！

课外实验

除臭锦标赛

当你长大后，会有很多值得期待的东西：考取驾驶执照，在总统选举中投票，以及在你的成长中忽然出现的体味。你也许已经注意到，与之前相比，你的腋窝已经变臭了。其实，人到了一定年纪，有一点体味是正常的。不过，一些人却不遗余力地想要除掉自己的体味。在本实验中，你将要测试哪种除臭剂能够阻止志愿者们的顶泌汗腺液中的细菌制造过多的臭气。

- 三四种不同类型的除臭剂。可以是天然除臭剂或化学除臭剂，也可以是香味除臭剂或无香除臭剂，还可以是除臭剂与止汗剂的结合。
- 几组腋窝（如果你的腋窝已经开始发臭，那么你可以用你自己的腋窝做实验，可能还需要请一位青少年或成年人来协助你）

1. 做出一个假设，关于哪种除臭剂或止汗剂的效果最佳，并在你的笔记本上记录下来。然后，选择一款除臭剂开始实验，请你的志愿者承诺在接下来的三天里坚持每天沐浴后使用这款除臭剂。

2. 在每天快要结束时，请针对每个志愿者分别进行一次气味测试。闻一闻他们的腋窝，然后在 1（美好的气味）到 10（我的天哪，我的鼻子要爆炸了！）的范围内进行评级。在笔记本上记录下你的实验结果，稍微用几句话描述一下你闻到的气味。如果闻志愿者的腋窝让你觉得不舒服，可以请他们自己闻，然后自己评级。

3. 三天后，请给你的志愿者们分发一款新的除臭剂，然后重复上述实验过程。请针对每款除臭剂分别进行一轮测试。

4. 分析你收集的数据。看看有没有哪一款除臭剂效果最佳，有没有其他原因导致你实验结果存在变数。例如，你的志愿者每天的运动量是否相同？

刚刚发生了什么

除臭剂和止汗剂对抗体味的策略有三种。第一种策略是试图阻止汗液的分泌（没有汗液 = 细菌没有食物可吃）。当止汗剂中的化学物质与你皮肤上的汗液发生接触时，会产生一种能封住顶泌汗腺的胶合物。于是，汗液被困在了皮肤下，无法分泌出来。然而，这仅仅是一次暂时性的胜利，因为这种屏障持续的时间是有限的。你也许获得了某次战役的胜利，但整场战争的胜利一定是属于汗液的。第二种策略是利用酒精或其他抗菌武器来杀灭细菌——没有细菌，也就没有体味。第三种策略是加入某种好闻的气味——鲜花或美味的水果——来掩盖臭气。许多除臭剂和止汗剂同时具有以上三种功能。

你的身体有200万到500万个汗腺，它们可以分为两类：外泌汗腺和顶泌汗腺。外泌汗腺遍布你全身的皮肤。在你的一生中，它们都是活跃的。当你因运动或发烧导致身体过热时，它们就能帮你保持凉爽。由此可见，外泌汗腺是非常重要的！顶泌汗腺则是完全不同的存在。当我们长大成人，我们身体的某些汗腺才会真正开始起作用，特别是顶泌汗腺。它们主要分布在腋窝、耳朵、乳头和腹股沟的毛囊附近。

细菌觉得外泌汗腺分泌的汗水实在太咸了，一点都不好吃。但是，它们喜欢吃顶泌汗腺分泌的汗水。顶泌汗腺分泌的汗水中包含一种裹着糖衣的蛋白质。和你一样，细菌也喜欢甜食！当一些细菌吞食顶泌汗腺分泌的汗水并从这种“饮料”中吸收能量时，它们会释放出一种发臭的化学物质。这就是为什么小孩子运动过后不会散发出难闻的气味：他们暂时还没有那些毛囊或起作用的顶泌汗腺，因此，细菌也制造不出臭味。但是，如果你已经是青少年了，运动完后，请清洗干净那些发臭的身体部位和衣服，特别是你的内衣和袜子。

脚通常是最容易出现臭味的地方。这是因为脚上的汗腺比腋窝的汗腺还要多！鞋子和袜子阻碍了汗液的蒸发，鞋里的世界就像是一个潮湿的沼泽，非常适合举办细菌派对！这也是为什么我们最好每天换袜子。如果可以的话，也不要连续两天穿同一双鞋子。当你穿着它们在足球场上全速奔跑一下午后，记得让它们透透气。这样的话，你的家人就不会在你每次脱下鞋袜后露出一副快要窒息了的表情。

事实上，脚上的汗腺比腋窝的更多。这就是为什么你的鞋子总是散发恶臭！

令人作呕的气味

大自然在给予我们玫瑰和烤饼干香味的同时，也会给予我们一些臭臭的气味！

恶臭之王 接下来，我要介绍一种特别臭的气味——臭鼬的屁！它的臭屁味一旦沾上，将会很难清除掉，仿佛将永远伴随你左右，绝不放手！那团刚刚从臭鼬屁股的肛门腺发射出来的油状液体，除了恶臭味你还能期待什么呢？长着黑白条纹毛

皮的臭鼬这样做是为了保护自己不受捕食者的攻击。这种液体之所以那么臭，是因为它含有一种叫作“硫醇”的物质——成堆的粪便或腐肉中也含有这种化合物。臭鼬的臭屁中含有的油性物质使它能够附着于任何物体的表面，而不是在微风中四处飘荡。

如果你的狗被喷射了这种液体，你该怎么处理呢？人们普遍认为用番茄汁泡澡是一个不错的主意。不过，对大多数人来说，下面这个配方的效果可能会更好。首

一枚真正的臭气弹

美国国防部有一项重要的职责：保护 31700 万的美国人（该数据仍在继续增长）不受伤害。2001 年，国防部决定打造全世界最臭的臭气弹——一种不会造成人员伤亡，但能够有效驱散人群的武器！美国政府聘请了帕梅拉 · 道尔顿博士，给她分配了一项任务，即制造地球上最臭的气味弹。道尔顿博士是费城莫奈尔化学感官中心的一名感官心理学家。在接到任务后，道尔顿博士开始了她的工作，她的鼻子也已准备就绪。在她充分利用她知道的有关地球上最可怕的气味的知识后，成功研制出了一种化合物，她亲切地将它命名为“恶臭汤”。是腐烂的鱼的气味，还是炎炎夏日中流动厕所的气味，抑或是那个卡在了汽车座位下，被遗忘了一两个月的没有完全喝完的牛奶盒的味道？

你知道吗？地球上有两种气味能够让世界各地的人们都闻风丧胆、逃之夭夭。这是有充分理由的。其中一种是腐烂尸体的气味；另一种是人类大便的气味。当然，道尔顿博士并不想用一具真实的腐烂尸体和一堆真正的大便做实验。于是，她分析出这两种气味的化学成分，并在她的实验室中将所有这些成分搅拌在了一起。但是，这仍然不够。她还在制造臭气弹的过程中加入了一些臭鸡蛋水；在她的“臭气弹”制作完工之际，她还加入了一些其他恶心的气味。这奇臭无比的气味让测试工作很难开展。道尔顿博士不得不四处募集愿意闻这些散发着恶臭味小瓶子的志愿者。幸运的是，所有志愿者的鼻子都没有受到永久性伤害。虽然她的“恶臭汤”尚未投入使用，但这无疑会是一次“愉快”的科学运用。

麝雉——如此的可爱，却如此的臭气熏天！

先，戴上一双橡胶手套，将约 1000 毫升的过氧化氢、1/4 杯的小苏打以及 1 汤匙的洗洁精混合起来。待“嘶嘶”声停止后，将混合液体倒入一个塑料喷雾瓶，然后喷洒在你的狗狗身上。用清水冲洗后再次喷洒，重复以上步骤，直到不再闻到臭鼬的味道！（警告：千万不要将这种液体长期放在瓶子中，否则可能引起爆炸。）

口臭的麝雉　如果你准备前往亚马孙热带雨林，你可能需要随身携带一些鼻夹。为什么呢？因为那里有麝雉！麝雉又名臭安娜，这种鸟看起来就像是比较漂亮的鸡，长着孔雀蓝的脸庞、长而尖的莫霍克头型以及长长的羽毛。然而，一靠近它们，你就会闻到一股类似牛粪的味道。这是为什么呢？因为它们利用食道中的嗉囊——位于它们长脖子的底部——消化食物。与大部分鸟类不同的是，它们的食物并没有进入胃中，也没有通过它们小小的肛门排出体外。这些奇臭无比的麝雉在它们的喉咙中发酵食物，食物中的大部分都会在这里腐烂。这就相当于把一堆发霉的鸡蛋直接吞进了它们的嘴里，然后，伴随着每一次的呼气……好吧，你应该能想象得到！

腐臭的花瓣　谁说所有的花闻起来都芬芳无比？那人肯定没有将他的大鼻子凑近过泰坦魔芋或阿诺尔特大王花。这两种花共享了一个有意思的绰号——“尸花”。这是因为它们闻起来有一股正在腐烂的尸体的味道。当然，对于那些喜欢在尸体上产卵的飞虫或其他昆虫来说，这种花就像

你绝对不想收到一束泰坦魔芋花。泰坦魔芋，又名尸花，开花时会散发出一股类似尸臭的味道。

是一个豪华的宾馆。然而，大自然是难以捉摸的——这些植物恰恰是“肉食者”。当昆虫在这些植物身上产卵时，它们就会闭合自己的花瓣，然后享用送上门的飞虫汤晚餐。

呕吐秃鹫 呕吐物的气味是全世界最难闻的东西之一。这个气味本身就足以令周围的人也想吐。秃鹫是一种以尸体为食的鸟类，它们似乎生来就知道这点，而且它们的呕吐物恰好又是超强酸性的。如果它们在寻找食物时受到攻击或威胁，它们能够将呕吐物抛射至3米高，从而烧伤潜在的捕食者。

恶心的佛法僧科鸟 美味可口的雏鸟是许多捕食者的最爱。于是，欧亚混血的佛法僧科雏鸟有一个非常机智的应急措施。如果受到攻击，它们就会吐得自己全身都是，用恶心的气味击退那些潜在的攻击者。当它们的父母返回鸟巢时，也能通过呕吐物猜测到刚刚发生的可怕事故，于是就会警惕那些可能返回的雏鸟捕食者。

测量臭屁

一个不起眼的科学知识也会有很大的用处。看一下康奈尔大学计算机工程专业的两名学生，你就知道了。为了班级的某个项目，他们建造了一台测量臭屁的机器。该机器利用传感器来测量放出一个世界级的个人臭气弹所必需的三个特性——真实的气味（硫化氢——使屁散发恶臭的化学物质之一），温度（高温屁比低温屁的传播速度更快），甚至声音（使用麦克风）。毋庸置疑，这两名学生的发明被评为了优秀。这看起来很像是一个不实用的班级项目，然而他们的发明吸引了很多人的注意。牙医能够通过口臭来诊断疾病，还有专门为动物治病的兽医也需要这项发明。不管你信不信，通过嗅探某个动物放出的屁，你的确能够了解它大致的健康状况。比起将你的鼻子靠近一条狗的臀部，最好还是让一台机器来负责嗅探的工作吧。

想要针对你的其他感官再发动一次攻击吗？下一章是内脏。你的嘴巴也想要参加一些可怕的行动了！

内脏及其他令人作呕的食物

奶牛的胃黏膜、蚂蚁的幼虫、感染了真菌的玉米……一说到吃，好像什么东西都可以成为食物。全世界的大厨似乎都已知道，剁碎的猪膀胱和羊乳房中均匀拌入几勺牛尿可以制作出美味的酱汁。此外，我们也别忘了油炸的酥脆可口的小虫子——它们是蛋白质的重要来源！

警告！

接下来的内容可能引发素食主义者的惊慌！如果继续往下读，请自行承担风险！

请考虑一下这个问题：那些你觉得恶心的食物，可能别人会觉得很美味。这一切都归结于文化的差异——你生活的地方以及你是吃什么食物长大的。如果你经常吃羔羊嘴唇或煎炸的蠕虫，那么你看见这些食物就不会想吐，反而会想，“哦，太好了！谢谢你，妈妈！”另外，如果你从小到大都没有见过热狗，那么你在棒球场第一次看见热狗时，你可能会说，“呃，真恶心！”毕竟，热狗可能是用吃剩的去骨牛肉或猪肉加工而成的，有时还会混入一些用金属筛过滤过的粉红色黏糊糊的鸡肉，然后在上面撒上防腐剂和食用色素粉末，再灌入加工过的牛皮制成的肠衣，最后加工成熟食。相比之下，也许一只快速油炸过的新鲜酥脆的蟋蟀也不是那么难吃吧？

保罗·罗津博士在宾夕法尼亚大学专门研究“厌恶”这种情绪。现在，我们假设你对此已经有了相当深入的了解。谈到“吃狗屎”，总是一件非常让人恶心的事。一想到将一个爬满蛆虫的苹果放进嘴巴，你可能就会出现一定程度的反胃感觉。但是，这种感觉是与生俱来的吗？当有人将一盘内脏放在我们面前，我们一定会呕吐吗？针对这个问题，罗津博士在一群幼童中展开了一次实验。我们都知道，幼童是喜欢将任何东西都塞进嘴巴的。他集中了一群一岁半到两岁的孩子，然后给他们喂食下列绝对安全的食物：

★ **鱼子**

★ **涂抹了番茄酱的饼干**

★ **溶解的头发**

★ **无菌的死蚱蜢**

★ **一种被罗津博士称为“狗屎”的东西，其实是花生酱和一种臭气熏天的奶酪的混合物**

宝宝们唯一不喜欢的只有溶解的头发，大部分的宝宝都直接吐出来了。但是，令人惊讶的是，居然有15%的孩子愿意吃那种东西！在很大程度上，我们觉得吃某些肮脏的东西很恶心，这并不是与生俱来的。这种情绪大部分是从我们的文化中习得的。所以，那些无菌的蚱蜢也许真的很美味呢。问下你最喜欢的两岁宝宝，你就知道了。

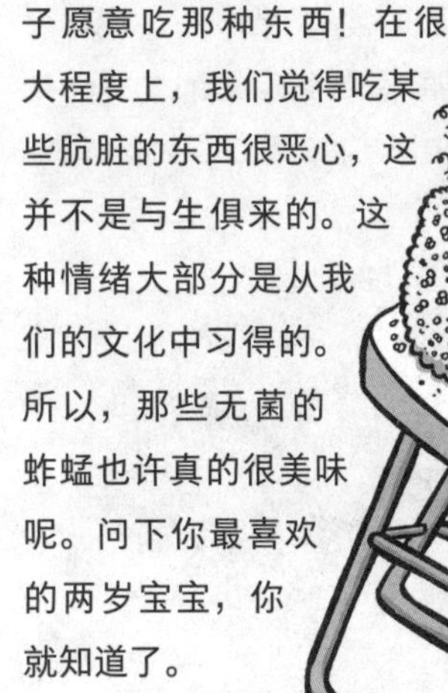

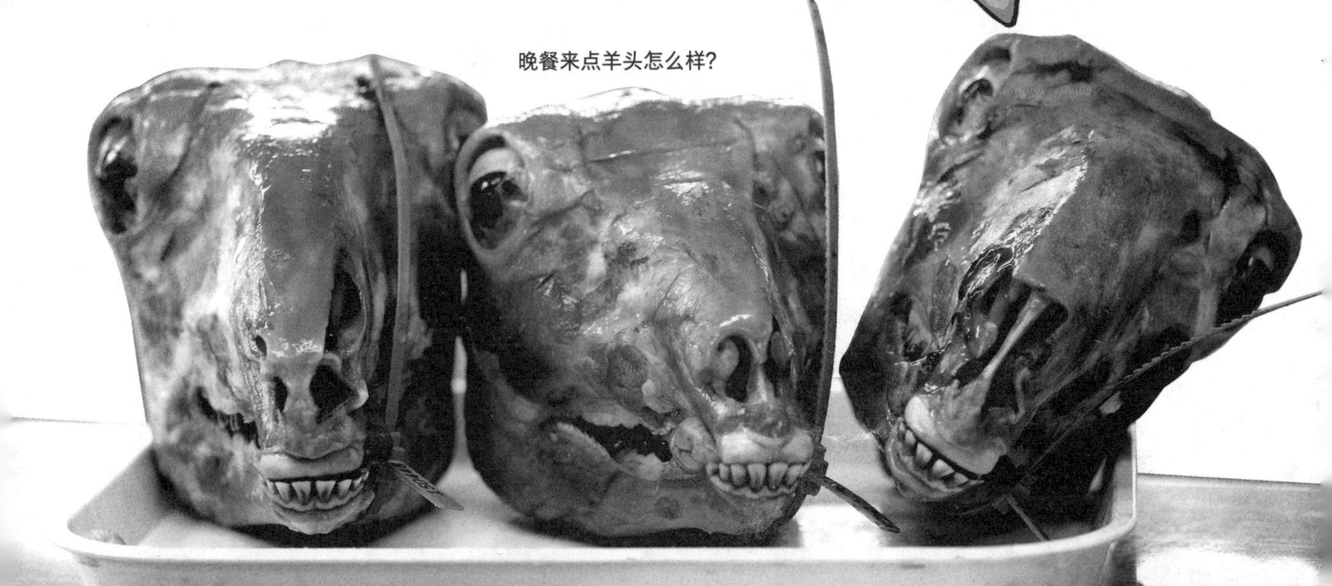

晚餐来点羊头怎么样？

开玩笑，只是肾脏而已

在成为一位世界闻名的外科医生的道路上，探索肾脏的奥秘是非常重要的一个开端。所以，在你准备吃肾脏之前，请切下一小块，然后仔细观察一下这个过滤尿液的器官。

牛肾的外表非常的凹凸不平。相对而言，人的肾脏要平滑得多。除此之外，牛和人的肾脏在内部结构方面是极为相似的。

1. 在肾脏的中间，你可以看见一层坚硬且油腻的肥肉。在牛和人的体内，这个部分均朝向脊椎。在这层肥肉中，你应该可以找到三根管子（被称为血管）从肾脏的中间伸出来。它们分别是肾动脉、肾静脉和输尿管（输尿管连接至膀胱）。

肾动脉将血液输送至肾脏进行过滤。从根本上说，你的肾脏就是一台洗衣机，负责清洗你体内的所有血液。它能够过滤掉你血液中的废物和有害的化学物质。

- 一个牛肾（在肉铺或当地的超市购买）
- 几根牙签
- 锋利的菜刀
- 砧板
- 一位不易反胃且手脚麻利的成年人
- 如果你愿意的话，请戴上手套。否则，请确保在处理完肾脏后，将双手彻底洗净。
- 纸巾

闪闪发光的干净血液通过肾静脉重新流回你身体的其他部位。

一旦肾脏的内部结构过滤掉了所有的废物和多余的水分，这些过滤物就会通过输尿管流入你的膀胱。现在，尿尿的时间到了！

肾动脉和肾静脉很可能在一起，而相对较长的输尿管应该位于它们下方，这取决于屠夫切肾脏的方式。

2. 在每根管子中各插入一根牙签。在我们提供的图片中，最上面那根是肾动脉，中间是肾静脉，最下面是输尿管。

3. 请一位成年人将肾脏整个切开（牛肾的肥肉部分可能会有点不好切）。将你的牛肾和我们图片中的牛肾进行比对，尝试找出一些关键的结构。肾皮质包含大量肾小管，被称为“肾单元”，血管的过滤实际上就是在肾单元中进行的。我们很容易就能找到肾锥体，它们负责从肾单元中收集尿液。然后，所有的尿液会进入肾盂中的集尿管，随后进入输尿管。尿液从输尿管流入膀胱后，很快它就会以你熟悉的黄色液体状排出你的体外。

4. 仔细闻一闻牛肾，你可能会闻出一点儿牛尿的味道。这味道简直太美妙了！

5. 如果你现在还有胃口，请将那个牛肾做成一道美食！你可以在网上找到很多食谱，包括那道英国经典大菜——牛肉和牛肾馅饼（Steak and kidney pie）。

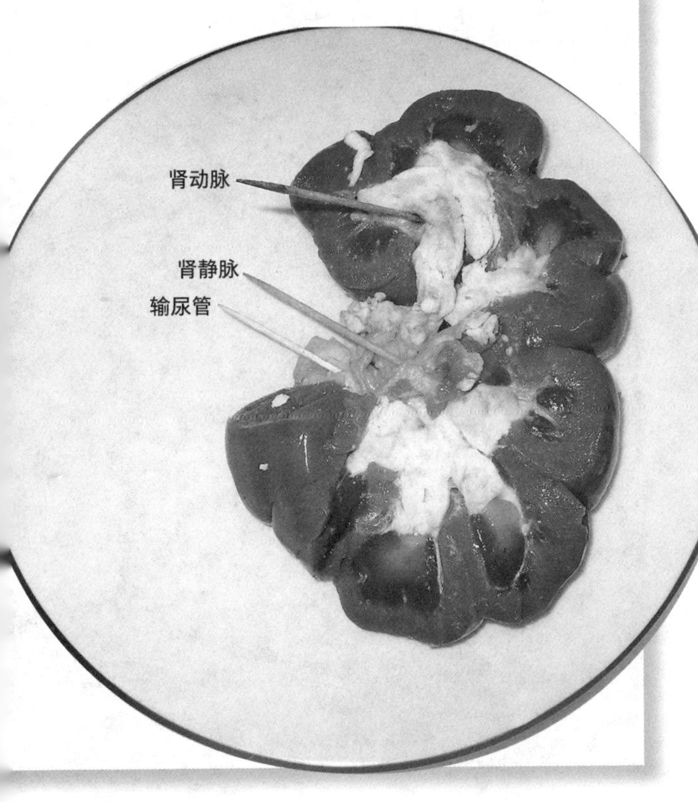

和恶心押韵

如果你曾经点过一盘“经过加工的肉食”，你即将要大快朵颐的其实可能是一堆内脏。内脏指动物身上除骨骼和肌肉以外的内部器官——包括所有那些不辞辛劳的器官，例如肺部、胃部、肠道、大脑和肾脏等。尽管内脏的英文 offal 和恶心的英文 awful 是押韵，但是在许多文化中，内脏被视为一种美味。全世界的经典食谱中大都少不了以内脏为食材的美食。例如，一些香肠就是在清理干净的动物肠子中灌入搅碎的加了香料的肉泥。（也有一些香肠使用的是人造肠衣。）猪肠是美国南部的人们最喜爱的食物之一，它是用猪的小肠制成的（有时是牛的小肠）。（汉堡包、牛排、鸡胸肉、带骨猪排、熏肉以及世界上其他颇受欢迎的肉制品主要是用动物肌肉制成的，因此，它们不属于内脏俱乐部的成员。）

人们通常将内脏视为一道不可多得的美食。换句话来说，内脏是相当昂贵的食材，你最终可能愿意一掷千金，只是为了在一家高档的法国餐厅点一份“黑黄油大脑”。一些苏格兰人喜欢吃一种由羊肚、羊杂碎一起制成的食物。这道菜是将燕麦片和切碎的羊心、羊肝和羊肺等，全部放入羊肚中煮熟而成的。在加拿大的部分地区，驼鹿鼻冻是一道让人忍不住吮指回味的美食。在南非，笑脸符——摆在盘子上的羊头——被视为珍馐美味。生的驯鹿肾脏和大脑、海豹的心脏、驯鹿的胃黏膜以及各种动物的眼睛……对于生活在加拿大最北部的因纽特人来说，这些都是美味佳肴。这是因为在北极地区蔬菜极为稀少，大部分是苔藓植物，而这里极大部分的苔藓是人类不能吃的。但是，如果你捕捉到一种以苔藓或地衣为食的动物，例如驯鹿，也许那个驯鹿胃能为你提供一天所需的水果和蔬菜。

现在，请继续往下读！一定要具有冒险精神！如果你有幸进入一家高档奢华的餐厅进餐，别点牛排，点一份胰脏吧。很多吃过的人都信誓旦旦地说，它们超级美味！

我的天哪！幼虫、真菌和有毒的鱼……

在昆虫那章，你已经了解了所有令人毛骨悚然的爬虫。现在，把它们扔进你的嘴巴里如何？顺便再品尝一道丰盛的真菌配菜！如果你不喜欢吃心脏或肾脏，那就尝尝下面这些广受喜爱（或厌恶）的菜肴吧。喜爱还是厌恶同样取决于你生活的地区。它们不是内脏，但可能你还是会觉得它们相当恶心！

彝斯咖魔 在这道古阿兹特克的佳肴中，分泌毒液的蚂蚁成了万众瞩目的焦点。今天，你仍然可以在墨西哥享用到这道美食。但是，原料并不是真正的蚂蚁——这道菜的主要原料是一种蚂蚁的幼虫。为了烹制彝斯咖魔，大厨们需要从光胸臭蚁的巢穴中挖出它们的幼虫。光胸臭蚁的体型巨大，长着锋利的口器，能够在龙舌兰和龙舌兰属植物的根部筑巢。捕捉到大量幼虫后，就可以得到一满碗由奶油、坚果以及大豆大小的幼虫制成的略微黏滑的混合物了。加入黄油和调味料，然后用平底锅煎炸，一道超级美味的蚂蚁大餐就制作完成了……至少大厨们是这样说的。

黑霉玉米（Huitlacoche）一词来源于纳瓦特尔语，是“粪便”和“睡觉”的合成词。

黑霉玉米 请给我来一份长满真菌的玉米。玉米黑粉病是一种常见的由真菌引起的玉米病害，这种真菌能够侵害玉米粒，导致整个玉米上长满奇丑无比的灰色“瘤状物”。它可能看起来很吓人，但在墨西哥，它被视为一种珍馐美味，你甚至能买到罐装的黑霉玉米。玉米黑粉菌在当地语言中是“睡觉的粪便”的意思，有些人觉得它吃起来也像粪便。然而，古阿兹特克的农民非常珍视这种“患病”的植物，他们深知：黑霉玉米富含了各种各样有益健康的营养成分和蛋白质，能够强健骨骼，对抗感染以及保持肌肤的健康。

卡苏马苏 你肯定不相信，世界上居然有一道名叫“腐酪”（又名“活蛆奶酪”）的菜肴。在意大利的撒丁，卡苏马苏的制作者会刻意在羊奶奶酪上切开一个小洞，让“奶酪飞虫”飞进去并在里面产卵。当卵孵化后，幼虫就会四处打洞，并开始吞食奶酪所含的脂肪。然后，它们就会排便。当奶酪上爬满了成千上万只蛆虫并沾满蛆虫的粪便，你就可以来一口了。天哪，当你吃掉这样一块奶酪时，奶酪上的幼虫会到处乱窜，极个别幼虫甚至能够跳到15厘米高！它的味道如何？对一些人来说，它吃起来也许就像是湿透的婴儿尿不湿，是永远伴随着恶心的回忆。但是，对另外一些人来说，它有点像是掺杂着黑胡椒味的美味柔软的戈尔根朱勒干酪！通过这个例子，我们只是想说明这样一个事实，一些人觉得恶心的食物，另外一些人可能觉得无比美味，也就是说，萝卜青菜各有所爱。

河豚 对于那些热爱冒险的美食爱好者来说，没有什么能比得上河豚大餐的美味了。河豚的名字来源于日语，意思是“四齿鲀科”。河豚的内脏中含有一种致命的毒液，其毒性是氰化物的1200倍。一滴大头针针帽大小的河豚毒液就能够杀死一个人。大厨们必须接受两年以上的培训，学习如何移除河豚身上的所有毒液，学成之后才能上手为食客烹制这道菜肴。

课外探索

你在我的心中（字面意思）

你想不想知道心脏的内部结构呢？下面，我们就为你提供一个学习解剖学知识的机会。如果本次探索你是在一个干净的盘子上进行的，那么在实验结束后，你甚至可以将羔羊心脏煮熟食用。本次课外探索中会出现许多重要的专业词汇，不要因为不能将它们全部记住而焦虑不安。当你解剖羔羊心脏时，请将自己想象成一位世界顶尖的心脏外科医生！

活动器材

- 一颗羔羊心脏
- 一位帮助你切的成年人
- 锋利的菜刀或厨房多用剪
- 大号的盘子
- 纸巾
- 如果你愿意的话，请戴上手套。否则请在处理完心脏后将双手彻底洗净

1. 如果你很好奇我们的羔羊心脏究竟是从哪里弄到的，那么让我告诉你，我们是在附近超市的冻肉区域找到的。你也可以去问下当地的屠夫。又或者，你也可以请你的父母帮你从线上教育用品公司订购一颗专门用于解剖的羔羊心脏。但是，切记，这种心脏不能食用！

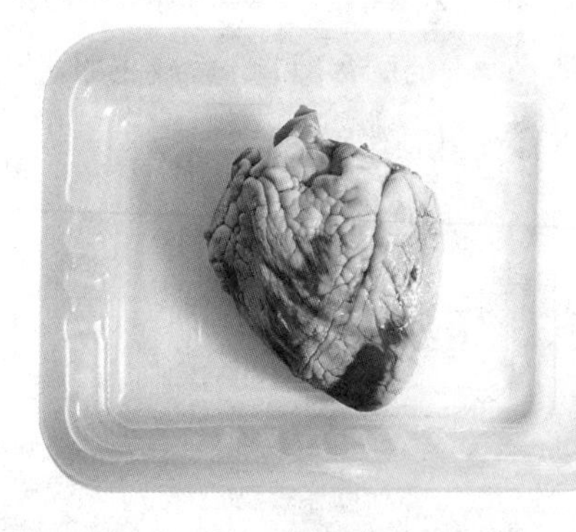

2. 解剖心脏不是一项简单的任务。在一定程度上，这是因为我们很难确定你手握着它的方式。所以，请从本次探索的这些图片中找一点头绪吧。真正的心脏和你在情人节制作的那些爱心不太一样，对吧？正如你即将看见的，心脏的内部有 4 个开放的空间，那是“心腔”。伴随着心脏的每一次跳动或收缩，血液都会随之流入或流出心脏。心脏就相当于一个泵，没有心脏，体内的细胞就无法从血液中获取所需的氧气和营养成分。

3. 找到一些管状的东西。那些就是从心脏上部伸出的血管。将你的手指放在血管上摸一摸，然后四处戳一戳，这样是不是很好玩？顶部最大的那根叫“主动脉”，从你的心脏流出的所有血液首先都会流经

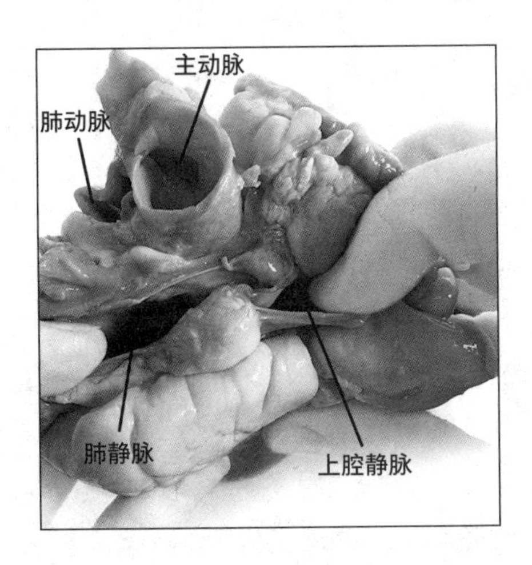

主动脉。如果你足够幸运的话，你还能找到几根从主动脉分出的较小的动脉（它们也有可能已经被切除）。还有一部分的血管是肺动脉，肺动脉负责将血液输送至肺部补充氧气；肺静脉将新鲜的含氧血输送回心脏，于是，心脏能够将这些含氧血输送至身体的其他部位；在心脏将氧气输送至身体各部位后，下腔静脉和上腔静脉负责将缺氧血输送回心脏。总之，动脉负责将血液输出心脏，而静脉负责将血液送回心脏。

4. 当你正在探索心脏上半部分时，你还可以找到另外两个有趣的东西，即“心耳”。羔羊的心脏有一对心耳，左心耳和右心耳，它们看起来就像是皱缩的精怪耳朵。事实

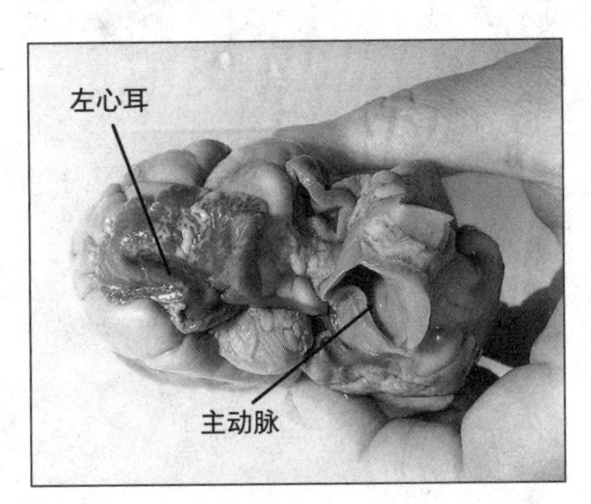

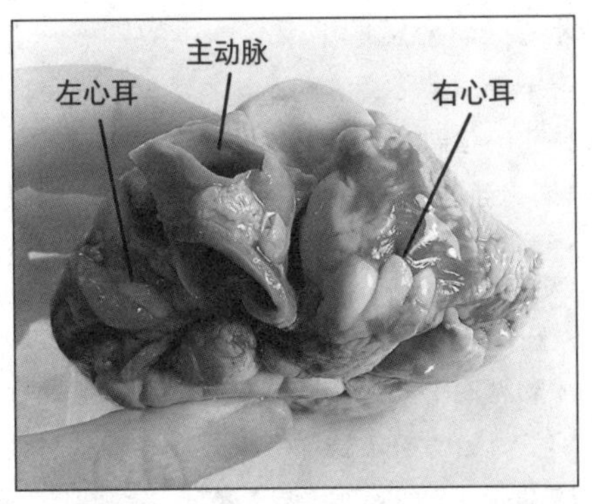

上，心耳（译者注：英文是 auricle）的名字就是来源于拉丁语单词 auricula，指的就是耳朵。这两个小“耳朵”能够覆盖住心脏的两个心腔，即“左心房”和“右心房”，统称为心房。

5. 接下来，让我们来了解一下心脏的下

心脏正面

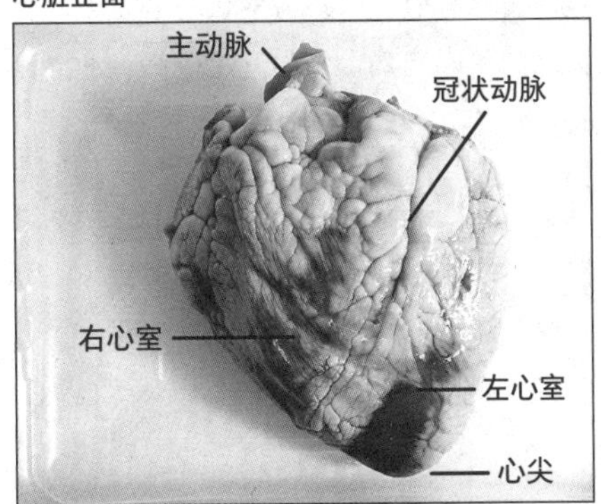

心脏背面

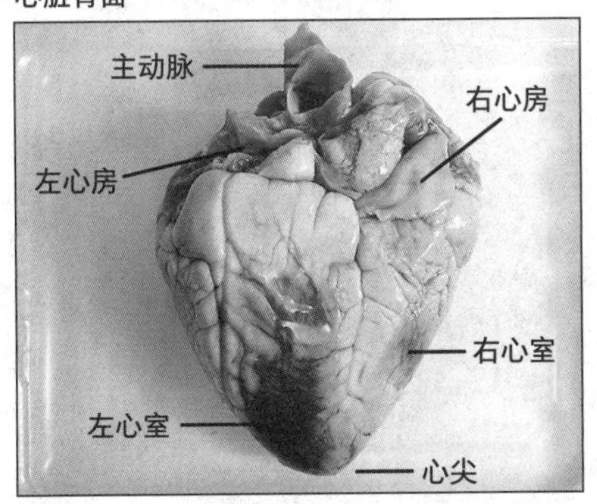

半部分。心脏的下部有一个尖端——心尖——指向你身体的左侧。这就是为什么医生听诊时总是把听诊器放在你胸口的左侧。（当你把心脏捧在手中，观察它的正面时，心尖应该是指向右侧的。）

6. 仔细观察心脏的正面，找到一些有点像支流的小血管。这些就是冠状动脉，它们负责给心脏本身供应血液。心脏是由肌肉细胞组成的，和你体内的其他细胞一样，肌肉细胞也需要氧气和营养成分。如果你平常食用了太多的脂肪、胆固醇和糖分，这些血管就会发生堵塞，这是一件非常糟糕的事情。所以，请合理健康饮食，让你的心脏保持健康！

7. 心脏的下部还有另外两个非常重要的心腔，被称为心室。右心室和左心室是非常强健的肌肉结构，它们通过收缩将血液从心脏输送至肺部以及身体的其他部位。

8. 请一位成年人帮你切开羔羊心脏左心室的一侧，一直往下切直至切到心脏的另一侧。当切到另一侧的心脏壁时，请立即停止切割。

9. 将心脏展开，尝试找到我们在图片中标示出的结构。你可能会惊讶地发现，心腔（心房和心室的统称）居然如此之小。伴随着你心脏的每一次收缩，血液就会从你的心脏输送至身体其他部位，而心腔是足以容纳得下这些血液的。

10. 你可能也注意到了，有一些纤维组织连接肌肉和某种透明组织。它们是你心脏阀门的一部分。阀门的打开和关闭使血液只能从一个方向流向另一个方向而不能倒流。这些纤维组织被称为“腱索”，但是，人们通常称它们为“心弦”。它们和肌腱一样，是由强韧且富有弹性的物质（胶原蛋白）构成的。肌腱负责将你的肌肉附着到你的骨骼上。

如果所有这些解剖工作激起了你的食欲，那么，就将这颗心脏当作你的晚餐吧！在网上搜索一些羔羊心脏烹饪食谱就可以了。

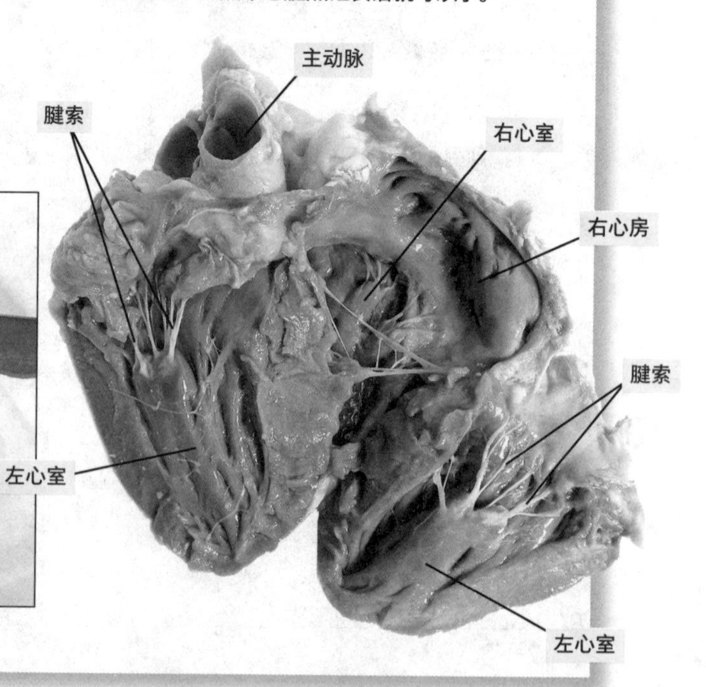

课外活动

干烤蟋蟀

人们在制作水煮龙虾这道美食时，选取的龙虾需要是活的。你知道我们为什么要煮活的龙虾吗？和龙虾一样，我们也不能吃在发现时就已经死掉的蟋蟀。因为蟋蟀一旦死掉，就会开始分解，这就意味着细菌已经开始工作了。

1. 将一只活的蟋蟀放入塑料自封袋或贮藏容器中，然后放入电冰箱中冷藏大约两小时，待烘烤前取出。在冷空气中，蟋蟀们将逐渐“冷静下来”，变得甘美多汁，不会再跳来跳去了。如果你希望它们一动不动，可以将它们放在冰箱中冷冻一至两个小时。

2. 当蟋蟀们变得听话且安静后，请一位成年人来帮忙，小心翼翼地将蟋蟀放进一锅沸水中（撒上少许盐），煮大约两分钟。

3. 现在，请将蟋蟀从沸水中取出，摆放在烤盘上。将烤盘放进烤箱，烤箱温度调至 93 摄氏度。

- 大约 15 只活蟋蟀（你可以自己抓，也可以在一般宠物店里购买）
- 烹饪锅
- 水
- 盐
- 烤盘
- 一位成年人

你需要慢慢将它们烤熟，大约半小时或更久一点。它们应该烤成干燥而松脆的状态，注意不要烤煳了！如果烤煳了，这些小小的虫子就不美味了。烘烤结束后，你可以在你的作品上撒一些盐，如果你已经迫不及待了，请大快朵颐吧！不过，如果将它们加进曲奇里（参见下一个活动），将会变得超级可口的美味。所以，控制一下你的食欲吧！

木蠹蛾幼虫 想要迅速弄到一些食物吗？那就弄一些货真价实的木蠹蛾幼虫吧！这些以树木为食的飞蛾幼虫生吃就很美味，只需直接从树上抓下来就可以享用了。或者，你也可以点燃几块炭，然后将它们烤熟。澳大利亚的土著居民就很喜欢这些圆滚滚的幼虫，因为它们富含大量的蛋白质和健康的脂肪。他们说这些幼虫吃起来有点像炒鸡蛋的味道。

昆虫盛宴

如果吃幼虫的想法让你毛骨悚然，那么，请设想一下：你不需要吃幼虫，你也可以吃成虫！事实上，世界上有大约20亿人会经常吃昆虫。中国的摊贩们会在大街上贩卖蝎子串。在柬埔寨，油炸蚱蜢和狼蛛是非常受欢迎的小吃。在世界的许多地区，甲壳虫、蟋蟀、巨型水蝽——无论是烧烤、烘烤、煎炸、水煮，还是直接生吃——很多都被视为珍馐美味。这样说起来，我们好像错过了一些比糖果更美味的东西！

食用昆虫的3个理由

种类如此之多！ 人们能够食用的昆虫种类超过1900种。如果你每天食用一种昆虫，如此多种类的昆虫可供你无重复地食用5年以上。

比牛肉更有营养！ 每450克蚱蜢所含的蛋白质几乎和一个牛肉汉堡所含的蛋白质一样多。就所含的营养成分而言，有些品种的毛毛虫和火鸡腿不相上下。

不需要牧场那么大的家 昆虫们不需要四处漫步的牧场或仓院。就昆虫而言，空间越小越好。所以，就保护生态环境而言，饲养昆虫作为食物的意义非凡。

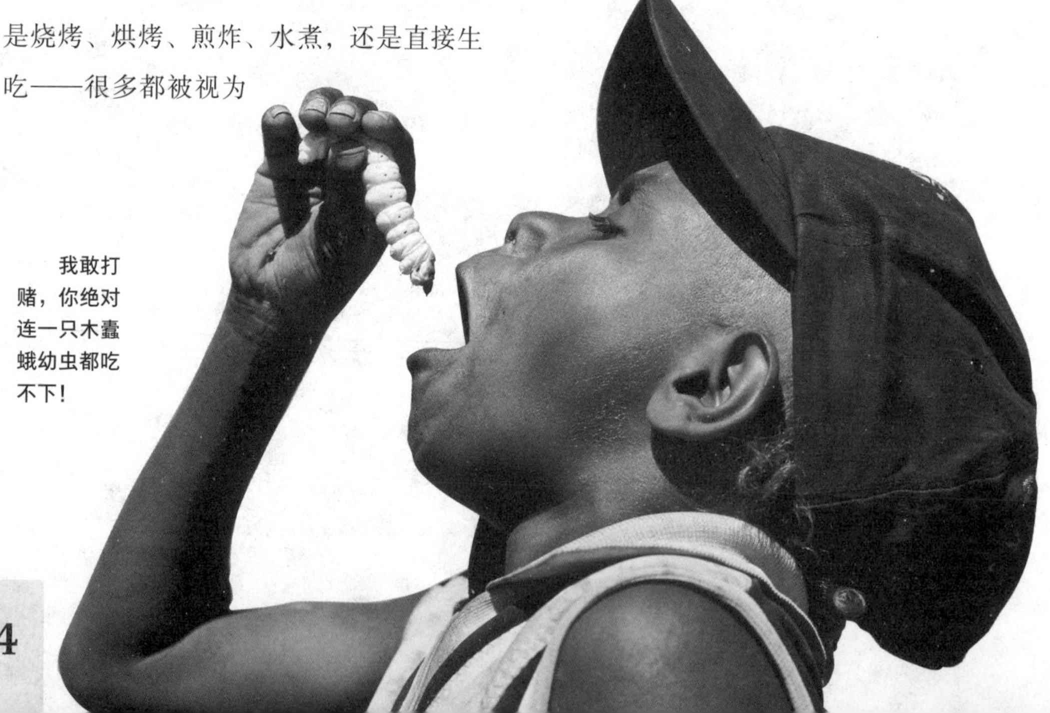

我敢打赌，你绝对连一只木蠹蛾幼虫都吃不下！

课外活动

巧克力蟋蟀曲奇

相信你已经吃完你那份巧克力碎屑曲奇了。接下来，是时候尝一尝巧克力蟋蟀曲奇了。

1. 将烤箱预热至 190 摄氏度。请一位成年人来帮你完成需要用到烤箱的一切操作。

2. 将黄油、细砂糖、红糖以及香草精混合起来。不断搅拌，直至混合物变得光滑细软蓬松。打入鸡蛋，然后慢慢加入面粉、小苏打和盐。一边搅拌，一边加入蟋蟀和巧克力碎屑。

3. 在烤盘上刷一层油，然后用茶匙将混合物舀到烤盘上，然后放入烤箱，烘烤 8 到 10 分钟。

4. 将曲奇放凉，然后开始享用美味吧！吃完后，注意不要像蟋蟀一样摩擦你的双腿。不过你可能会像蟋蟀一样唧唧地叫哦！

- 1 杯软化的无盐黄油
- 3/4 杯细砂糖
- 3/4 杯红糖
- 1 茶匙香草精
- 2 个鸡蛋
- 2 又 1/4 杯普通面粉
- 1 茶匙小苏打
- 1 茶匙盐
- 你的干烤蟋蟀（大约 15 只）
- 350 毫升的半甜巧克力碎屑
- 搅拌勺
- 搅拌碗
- 烤盘
- 喜爱昆虫的成年人

对你而言，食用内脏和昆虫还不够恶心？

如果想要进一步检测一下你的胃，请查阅“呕吐”一章。需要注意的是：你可能还需要随身携带一个呕吐袋！不过，让我们首先搞清楚，在你消化完你的巧克力蟋蟀曲奇后，曲奇会发生什么变化呢？——下一章，便便！

便便

一顿大餐在你身体管道的末端，进行光明之旅的最后一站——便便。它在旅途的尽头，跟我们做最后的告别。日复一日，那一盘又一盘你从嘴巴狼吞虎咽下的食物，经由消化系统中黑暗扭曲的管道运送到你的臀部。（参见“消化系统”一章，了解更多有关那个漫长湿软的航程的有趣细节。）在你吞食的那一大堆美味佳肴中，只有一小部分最终会出现在马桶中。是时候歌颂一下排泄物了，也可以称它为粪便、便便或大便，也有人喜欢称它为“大号”。

让我们回忆一下，在某个午后，你吃了一两块布朗尼。然后，到了第二天，你是不是会纳闷，“沉到马桶底部的那坨棕色物体究竟是什么呢？”好吧，大约四分之三是水分，另外25%是固体成分，包括未消化的食物纤维、代谢的细胞、人体废弃物以及帮助你消化食物过程中死掉的益生菌。马桶中之所以会飘荡出“宜人的香味”也是因为这些细菌。

你的便便中也包含一些非常不友好的细菌，且这些细菌可能还活着。这就是为什么家长总是提醒你排便后必须洗手。（采访一下！你便后会洗手的，对吧？）如果你喜欢长时间待在厕所里玩电子游戏，那么事后请记得一定要用消毒液好好擦拭一下你的手机或游戏机。研究已经发现，16%的手机都布满了大肠杆菌——有些大肠杆菌是非常不友好的致病菌。

你的粪便中还潜伏着一些什么呢？还包括一些从你的胃部、小肠和血液中脱落的死细胞。另外，粪便中还含有块状残留物——所有你身体不需要的食物残渣。例如，没有完全咀嚼的植物纤维以及未消化的植物种子。你甚至能在便便中发现完整的玉米粒或其他可辨认的食物残渣。

★ 最大粪便奖的获奖者是体型最大的动物——蓝鲸！它们排便时会在大海中留下一道亮橙色的类似刹车印的痕迹，长度堪比一辆校车。

★ 非洲象一天能排出大约 136 千克的粪便！这相当于三四个孩子的重量。

★ 你能将你的便便发射到 1.8 米外房间的另一头吗？不能吧！小小的弄蝶科毛毛虫（体长约 38 毫米）就能够做到！

★ 一般来说，鹅每隔 12 分钟就会排便一次（没错，它们飞行时也能排便）。

★ 当你捡到一只宠物鼠，请准备好被它拉一手的老鼠屎。这是老鼠的一种自卫方式，因为野生动物不太可能吃掉一个刚刚投射臭气弹的猎物。

★ 蜣螂令人钦佩的地方在于：它们非常喜欢粪便！它们会四处寻找粪便，将粪便卷成球状（有时，它们卷出的粪便球会比自己的身体还大）。稍后，它们会慢慢吃掉这些粪便球，或在这些粪便球里产卵。当它们的宝宝孵化后，舒适的粪便婴儿床还能被吃掉，简直就是食物和家具的完美结合体！

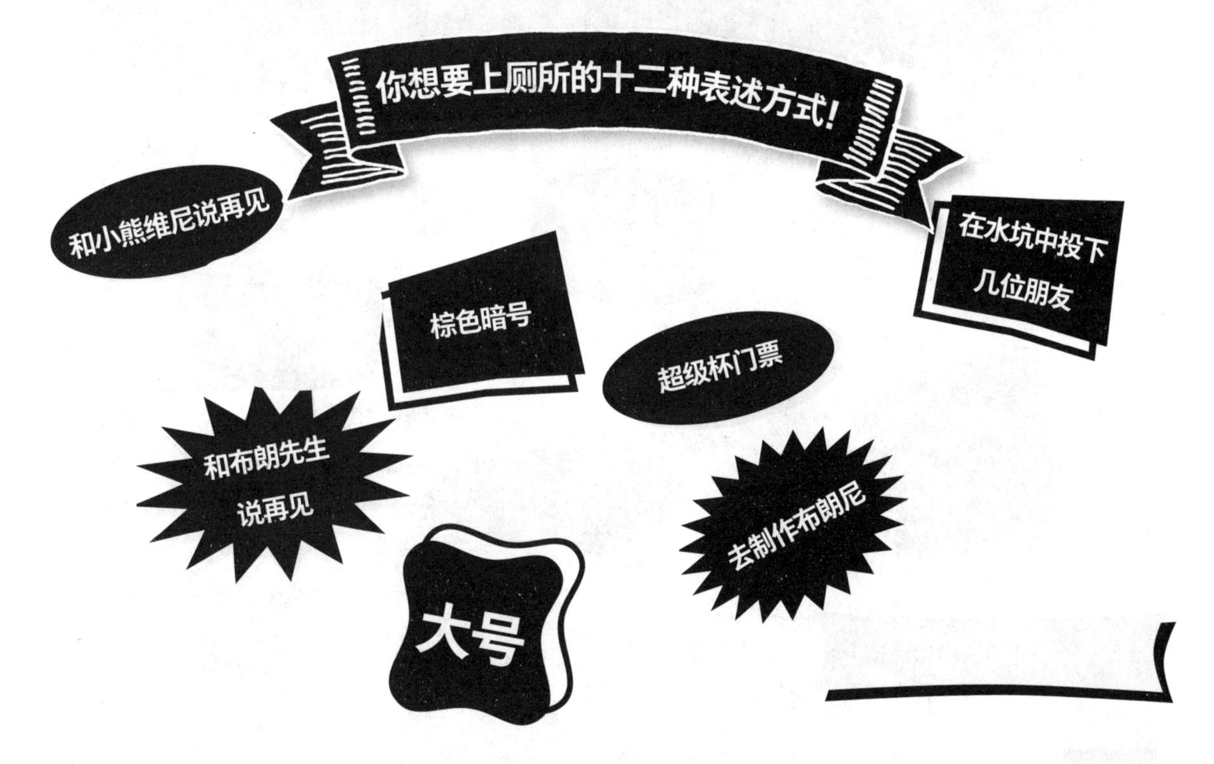

那堆便便是谁拉的？

粪便无处不在！去户外散个步，你可能就会看见一些有趣的棕色/黑色/灰色粪便。知道这堆粪便来自哪种动物，有时可能会成为一根救命稻草。毕竟，你不想要在拐角处撞见一头灰熊，对吧？

活动器材

- 一根树枝
- 标尺
- 照相机
- 一次性防护手套（可选）
- 洗手液（可选）

1. 首先，请记住最重要的一条规则是：只能用眼睛看，不能用手摸。如果你决定戳一戳粪便，请使用树枝。

运用你的推理能力找出那堆便便是谁拉的！

2. 走出门，开始探索吧！当你看见粪便，请用照相机拍个照。你能够找到的粪便的数量和种类取决于你生活的地区。如果你生活在偏远的乡下，相比城市居民，你将能够找到更多不同生物的粪便。而阿拉斯加州的孩子们找到的野生动物粪便也将不同于佛罗里达州的孩子们。

3. 请仔细观察，然后回答下列问题：

★ 每堆“沉积物”的长度是多少，宽度是多少？用你的标尺量出大便的大概尺寸（不需要用标尺或双手触碰大便）。

★ 每堆粪便有多少坨？许许多多，还是只有一两坨？

★ 你找到的粪便分别是什么形状的？像一个小球一样圆圆的，还是像一根管子，有点类似拐杖糖的形状？是像麻绳一样扭曲或交错，还是像一卷卫生纸一样流畅平滑呢？

★ 研究每坨粪便的两端。是一端扁平，另一端尖尖的或缩紧的，还是两端都是一样的？

注意：你能辨认出照片中到底是狗还是鹿的大便吗?

★你有没有发现有什么东西从粪便中突出来? 也许是种子、浆果或是昆虫的残渣?

★这堆粪便是新鲜的，还是已经开始变干了? 猜一猜已经多少天了? 可能是夜行性动物拉的吗?

★发现粪便的地点上方有没有树木? 大便可能是从高处落下的吗?

★粪便中是否含有白色的物质? 这将会是一个很重要的线索! 如果有，这就意味着这堆粪便出自鸟类、爬行类或两栖类动物，因为它们的小便和大便最终都是通过相同的小孔（被称为“泄殖腔”）排出体外的。这些生物的小便（被称为尿酸）排出体外时都是白色糊状物，黑色部分是大便。

4. 接下来，结合图表“粪便王国的指南”，轻松识别你找到的粪便属于哪种动物吧!

五彩缤纷的粪便

想知道你的大便为什么是棕色的吗? 请向胆汁和胆红素致谢吧! 胆汁是你的肝脏分泌出的一种黄色或绿棕色的物质，它的职责就是在消化过程中分解脂肪。胆红素是存在于胆汁中的一种物质，是由你体内废弃的红细胞组成。部分红细胞在分解后会变成棕色，你猜对了，它会使你的粪便也变成棕色! 不过，粪便也可能呈现其他色调。如果粪便通过你体内的速度过快（可怕的腹泻），或者你食入了大量的绿色蔬菜，粪便可能就会呈现绿色。如果你食入了大量油炸食物，你的粪便中就会包含大量的脂肪，那么，有时就会出现便便呈黄色且略带光泽的情况。它也可能是某种严重疾病的迹象，所以，如果你的粪便呈现黄色，请去医院咨询一下医生。如果你的粪便呈现出鲜红色或黑色（你最近也没有食入大量甜菜或红色食用色素），请立即去看医生。如果你的粪便中出现血丝，请一定重视起来，这可不是闹着玩的。（黑色的粪便很有可能意味着你的肠道出血过多。）

粪便王国的指南

大自然中有羽毛的，有鳞片的以及有毛皮的朋友们给我们馈赠了一些形态各异的礼物。下面就是一些识别这些礼物的方法。

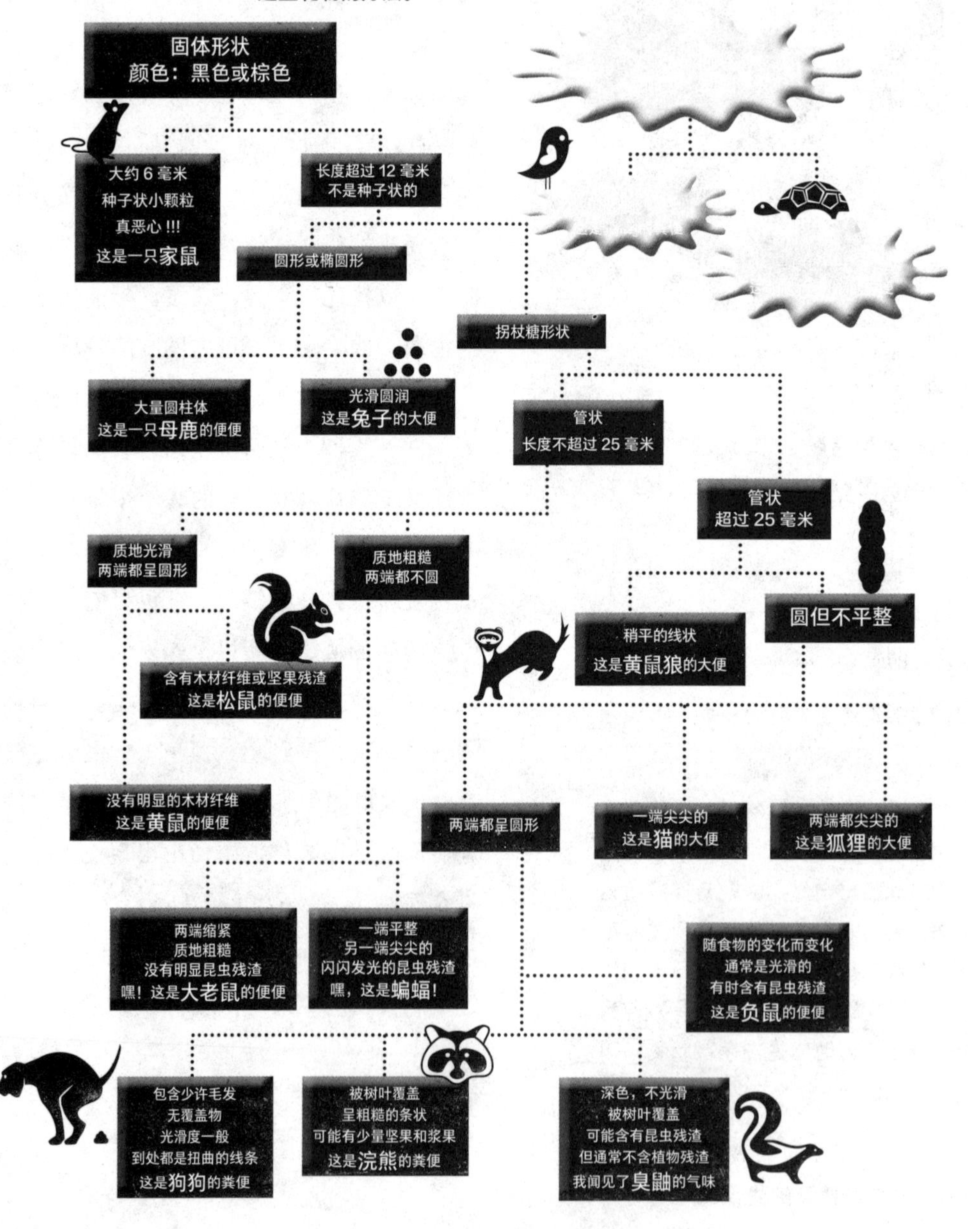

排便习惯

食物穿过你的消化系统然后排出体外大约需要多长时间？你可以自己找出答案。人类的消化系统很难分解玉米粒。想要估算出你身体的“传送时间”，你可以先用力咀嚼一些玉米棒子，然后留意它从你身体的另一端出来大约需要多长时间。一天，两天，还是更久呢？请记录一下你的排便状况。

另外，你每天要上多少次厕所？人类拥有一个相当广泛的“正常范围”。有些人每天排便三次，有些人每三天才排便一次。每个人的排便模式都略有不同，只要你感觉良好，且你的固定模式基本保持不变，那就没多大问题。如果你上厕所的次数过于频繁或太少，并且你感觉身体有些不舒服，那么，你可能需要向你亲切的社区医生咨询一下你的健康状况了。饮入大量的水并食入大量的蔬菜能够帮助你顺畅地排便。

可食用的粮食饼子

对于一些动物来说，粪便是一顿超级美味的大餐。事实上，一些种类的老鼠吃掉它们自己的粪便是成长所需。科学家们发现，那些没有吃掉自己粪球的老鼠幼崽通常会发育迟缓。兔子是另一种喜爱食粪的动物。它们为什么会食粪呢？还记得上顿晚餐吃的玉米棒子吗？你可能已经注意到了，对我们人类来说，有些蔬菜和水果是很难消化的，动物也一样。食粪能够让动物们重新吸收那些第一次没能吸收的营养成分。还记得前面我们提到过的奶牛吗？它们通过反刍一遍又一遍地咀嚼吃掉的青草，食粪则是充分吸收食物营养成分的另一种方式。

狗狗们也十分偏爱粪便。一只初为人母的狗妈妈通常会吃掉她的宝宝排出的粪便，从而使她的狗窝保持干净整洁。有些狗喜欢吃鹿的大便，因为鹿的大便中富含大量的植物纤维，或许你可以将这想象成是大自然赠予狗狗的一盘沙拉吧！然而，如果你的狗总是吃它自己的粪便，这可能意味着你喂给它的食物营养不够充分，也有可能是它患上了某些消化类疾病。是时候带它看下兽医了！

我们人类呢？我们不能食用自己的粪便，因为我们的粪便中含有一些致病的细菌。此外，我们也不会在公开场合食用任何动物的粪便。不过，你知道吗？全世界最稀有最昂贵的咖啡豆是从麝香猫的粪便中提取出来的——麝香猫是一种长得像大型猫科动物或鼬鼠的哺乳动物。在印度尼西亚，麝香猫会食入成熟的咖啡豆，这些咖啡豆会在它们的胃中进行发酵。发酵后的咖啡豆的风味变得更加与众不同和令人难以忘怀。这种咖啡非常的香醇可口，在市面上每 450 克的售价超过 4000 元。了解了这些，你是不是很想马上就去附近的咖啡店看一看呢？无独有偶，在东非的坦桑尼亚，当地的哈扎妇女会从狒狒的粪便中收集软化的猴面包树种子。她们先将种子一粒粒挑选出来，将它们仔细地清洗干净并晒干，然后捣碎制成一种超级美味的面粉。

“猫屎咖啡”是全世界最稀有、最昂贵的咖啡之一——它的原材料是从麝香猫的粪便中提取的咖啡豆。

印度尼西亚的麝香猫能够挑选出成熟度最高的咖啡豆。

将粪便投入使用

是不是所有的粪便都应该被冲走呢？当然不是！许多种粪便都能用来作肥料，蝙蝠的粪便还曾被用来制作火药。在北非的部分地区，人们经常使用刚刚排出的马或骆驼的粪便来治疗痢疾——痢疾是一种严重的腹泻。一些部落居民现在仍然使用这种方法来治疗痢疾。在泰国，大象的粪便——其中含有大量的长纤维——被收集起来，清洗干净、晒干、捣碎，然后制成书写的信纸。

科学家们和工程师们致力于探索各种

各样将粪便转化成可用燃油的方法。数千年以来，世界各地的人们都会通过燃烧动物粪便来获取热量。最近，他们正在研究利用鸡屎、牛粪以及人类粪便来发电的方法，使我们的房子在冬天保持温暖，甚至是将它们用作汽车燃料。

其中最常见的一种方式就是将粪便收集到一个特殊的罐子中。当微生物分解粪便时，会释放出大量沼气，我们通过燃烧沼气就能获取能量。事实上，你家附近可能就有以牛粪为原料的生物气设施，不如今天就去参观一下吧！另外一种方式是利用太阳能释放出粪便中的氢气。也许在将来的某一天，你能够在家中安装一个管道，从你的厕所直接连接至你家庭车库里的处理中心。这样一来，你就能够利用自己家的排泄物为你的汽车提供动力了。

令人毛骨悚然的

科学

你肯定听说过献血，那你知道粪便也能捐献吗？也许你会问，为什么要做这样一件事？医学研究人员已经发现，依靠捐献的粪便竟然也能够帮助治疗疾病！有一些人患有非常严重的消化类疾病，这可能是使用抗生素产生的一个危险的副作用——抗生素会杀死肠道中帮助消化的益生菌，同时允许一种叫作“艰难梭状芽孢杆菌”的有害细菌进入肠道。这些艰难梭状芽孢杆菌会制造出有害肠道健康的毒素，这些毒素日复一日地积累将会导致严重腹泻和痉挛。益生菌的减少也会让人们无法从食物中获取所需的营养。这绝对不是一件你想要体验的事情！多年来，医生们一直找不到治愈这种疾病的良方，只能使用更多的抗生素。但是，最近的一个实验似乎取得了很好的疗效！

取一个身体健康的人的排泄物，放入生理盐水中搅拌，然后过滤掉所有的块状物质，用输液管将剩下的液体注入病人的肛门。粪便中的益生菌就能够重新接管肠道，并赶走那些邪恶的艰难梭状芽孢杆菌。这听起来确实有一点儿“恶心”，但执行这项治疗的医生说，该方法的治愈率几乎达到了95%。此外，麻省理工学院的研究员们也正在研制一种排泄物移植药丸。也许，其他一些疾病也能依靠简单的注射粪便泥和粪便药丸来治愈！

课外活动

可口的“便便大餐”

除非你是一只大老鼠或兔子，否则吃大便对你来说就是一件非常恶心的事。不过，你可以按照本次活动的步骤制作一道看起来像大便但实际上相当可口的美食，这听起来是不是很有趣？这些饼干可以满足任何饮食需要，因为它们是不含面粉的（因此不含谷蛋白），也可以不添加乳制品和坚果。

活动器材

- 1根（半杯）黄油或植物油
- 深平底锅
- 木勺或铲子
- 灶台
- 成年人
- 3/4 杯砂糖或红糖
- 1/2 杯牛奶或可以替代牛奶的饮品
- 4 汤匙黑可可粉
- 1 杯花生酱（或一块无坚果黄油）
- 1 茶勺香草精
- 4 杯快熟燕麦
- 1 个饼干烤盘或其他盘子
- 蜡纸或羊皮纸
- 未用过的卫生纸卷
- 可选材料：巧克力碎屑、脱水椰子、亚麻或葵瓜子、葡萄干或蔓越莓干、米饼、陈皮或姜糖

1. 先将黄油放在深平底锅的锅底，然后将深平底锅放在炉子上。

2. 请一位成年人帮忙将炉子调至中火。

3. 在黄油融化的过程中，测量出你需要的糖、牛奶和可可粉。

4. 当黄油融化后，加入糖、牛奶和可可粉，然后搅拌均匀，继续煮至沸腾。

5. 沸腾后继续再煮一分钟，搅拌不要中断。请密切关注锅内的混合物，防止发生沸溢。

6. 关掉炉子，将你的深平底锅端到另一个冷的炉子上。

7. 加入花生酱和香草精，继续搅拌均匀。

8. 加入快熟燕麦，每次1杯，然后搅拌。锅中的混合物在加入3杯快熟燕麦后似乎已经相当浓稠了（如果你想让成品更加“坚硬”一些，也可以继续添加一些燕麦），你可以适时地停止加入燕麦了。稍后你需要将面团揉成不会开裂的粪便形状，所以混合物也不能太过坚硬。

9. 按照你的喜好加入任何可选的坚硬配料。不过你要清楚，加入的配料越多，你的“便便大餐”就越可能散架。

10. 当混合物冷却后（请先用你的指尖小心翼翼地进行测温），抓一把混合物，然后将它塑造成你觉得最恶心的形状。你可以用双手互搓面团，做成长条状，然后再塑造成经典的S形。你也可以制作成鹿或兔子粪便那样小小的圆球。你还可以将混合物揉成球状，然后拍打平整，制作成牛粪的形状。

11. 将你制作完成的“便便大餐”放在一个饼干烤盘或其他盘子上，覆盖上蜡纸。如果你家里不是太热的话，请将它们放在灶台上待凉，你也可以将它们放进冰箱中冷藏。如果你事先不提醒你的家人，当他们进入厨房找吃的时很可能会大吃一惊的！

恶心的上菜建议

取一卷全新的卫生纸（你马桶旁的那卷卫生纸可能已经被细菌污染了），然后在盘子上铺几张卫生纸，将你的作品摆在卫生纸上。你甚至可以将剩下的那卷卫生纸放在盘子旁边，这样就能制造出更好的恶心效果了。或者取一个有点像猫砂盒的铝制烤盘，在烤盘上装上一些谷物充当猫砂——制作酥脆米饼的谷物就可以。然后，将你的粪便饼干放在上面。当你端上你的作品让客人们品尝时，注意观察他们作呕的表情。你甚至可以找出一个大勺子或铲子来充当猫砂铲。咦，真恶心！

在很久以前，中国曾设有帮皇帝检查粪便的官员。这是千真万确的事情。一个幸运的家伙被赋予了这项使命，他负责每天一边搅拌一边闻皇帝的粪便，以确保皇帝拥有良好的营养状况和最佳的健康状态。

在过去的法国，在那个国王掌控一切大权的时代，一些幸运的国民会被邀请进王宫，观看国王的起床过程。这项活动的一个环节就是观看国王上厕所。一个非常幸运的国民甚至被邀请给国王擦屁股。在当时的法国，这被视为一件非常荣幸的事。如果被邀请了，你会如何做？会不会火速跑掉呢？

粪便的乐趣！

你是不是正在寻找一项新的运动项目？有没有兴趣在堪萨斯州举办的一场粪便投掷大赛上一试身手？在这里，牛粪可以制成一种优良的飞盘。这次大赛中获胜的选手投掷牛粪飞盘的距离比半个足球场的长度还要远。

很多人会觉得，我都不想触摸粪便，更不要说投掷了！那也可以来参加一场牛粪宾戈比赛。在一些拥有大量奶牛的地方，例如佛蒙特州，人们在一片牧场标上网格，然后给每个格子标上一个数字和一个字母。到了比赛那天，你可以购买其中一个格子，然后等待比赛结果。人们会将一头奶牛牵到方格里待上一段时间。牛就是牛，它当然会在此期间在比赛场地的某个地点扔下臭气弹。（这种比赛通常是资金筹集活动。）如果你持有获胜的数字和字母组合，你就赢了！这个游戏是不是超级好玩？

以上就是有关便便的独家新闻了！

但是，如果少了它最亲密的伙伴“小号”，便便这个“大号”又会如何呢？请翻阅“尿液”一章，努力成为一位金色尿液方面的世界级权威人士吧！如果你上次上大号时，地球发生了震动，你可能想要翻阅下一章——地震和地面塌陷！

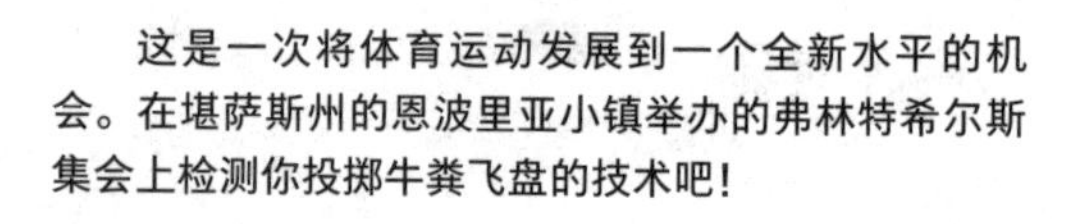

这是一次将体育运动发展到一个全新水平的机会。在堪萨斯州的恩波里亚小镇举办的弗林特希尔斯集会上检测你投掷牛粪飞盘的技术吧！

地震和地面塌陷

时至今日，你应该清楚地知道自己是无法在水面上行走的。反之，泥土看起来却是相当结实的物质，它能够支撑你的体重，也能承受一头大象的重量。然而，在世界上的某些地区，坚实的大地也可能突然开始震动，嘎吱作响，而后向外延伸。地面会出现裂缝，甚至在几秒内摧毁整片房屋。所以，让我们深入研究和学习一下我们脚下的土地有时是怎么想的吧！

在所有的自然灾害中，哪种自然灾害的破坏力最大？当然是地震！地震爆发时往往是山崩地裂，令人毛骨悚然！那么，是什么引发了地震呢？请你想象一下，一块在烤箱中高温烘焙的浆果馅饼，馅饼皮是不是通常会沿着那些冒泡的果酱的移动而出现裂纹呢？在某种程度上，地球也有点像那块馅饼。地球的地壳下有着大面积的熔岩——这就是火山喷发时涌出的物质（如果需要的话，请往回翻到“熔岩”一章，稍微复习一下）。地球的岩石圈分裂成若干个巨大的漂浮板块，板块之间总是不断地相互挤压或推离，这一现象被称为“板块构造说”。这些板块相互碰撞的地方被称为“断裂带”，也就是地震多发地带。

设想一下，如果你将两枚精美的瓷盘互相敲击一下，瓷盘会发生什么呢？它们会碎成碎片，对不对？但是，板块运动的速度极为缓慢，比蜗牛的速度还慢：仅为25-50毫米每年。但是，一旦两个板块之间发生了碰撞，就会引起巨大的变化，包括支离破碎的岩石、坍塌的高楼大厦以及地动山摇的地震。下面就让我们了解一下地震是如何爆发的：当两个板块相互挤压碰撞，巨大的张力就会逐渐形成。（尝试相互摩擦满是汗水的双手……感受到你手掌互相滑过前张力的形成了吗？）当板块最终克服了摩擦力，快速地释放出大量的能量，以地震波的形式撼动地面，地震就发生了。地震能够不费吹灰之力地摧毁大量建筑物，和你摇晃一块玩具画板一样简单。

课外实验

推翻牙签塔

也许有一天，你将从事设计和建造能够抗震的建筑物的工作。但是，在你攻读建筑和工程学位之前，你也许想要进行一些实际操作。在本次的摇晃实验中，你将研究的是：哪种类型的设计拥有更好的抗震效果；哪种类型的设计应该避而远之。

- 果冻或其他凝胶制成的点心
- 水
- 面包烤模或小号炖锅
- 值得信赖的成年人
- 食用油喷雾器
- 饼干烤盘
- 可塑型黏土，例如培乐多彩泥
- 牙签

1. 首先，制造某个摇晃的平面，稍后你需要在这个平面上建造你的高楼。请至少在进行本次实验 4 小时之前就完成这个步骤。根据包装盒上的说明，在面包烤模或小号炖锅上制作一些凝胶制品。在这之前，你需要在容器上喷洒一些食用油。这样一来，凝胶制品冷却后就能更容易移除。请确保你的凝胶制品的厚度至少有 25 毫米。

2. 大约 4 小时过去了，你的凝胶制品冷却完成，请将容器倒置，将凝胶制品从模具中取出，转移到一个饼干烤盘上。

3. 取出你的可塑型黏土，不断揉搓和挤压，做出几十个蓝莓大小的小球或小方块。

4. 是时候建造你的牙签塔了！通过将牙签两端插入球形黏土的方式，可以将两根牙签连接起来。你也可以按照自己的意愿将牙签弄成几段。考虑一下用 4 根牙签和 4 个黏土球制作一个正方形，或者用 3 根牙签和 3 个黏土球制作一个三角形。通过组合这些简单的形状，你就可以开始在凝胶制品的上面搭建三维牙签塔了。

5. 是时候检测牙签塔的牢固度了。

首先，用你的拳头捶打凝胶制品下的桌子底部。如果牙签塔能在垂直力中幸免于难，恭喜你！如果你的牙签塔坍塌了，我还是要恭喜你，至少你知道了哪种设计是不能用的。

6. 接下来，如果牙签塔仍然屹立不倒，用你的手轻轻地敲击一下凝胶制品的一侧。如果你愿意，你也可以让你内心的洪荒之力爆发出来，动作不用那么轻柔。在水平力的作用下，牙签塔的承受力如何呢？

7. 使用不同的设计重复3至6的实验步骤。不断进行检测，看哪种类型的结构拥有最佳的抗震效果。接受一项工程挑战吧：使用15或25根牙签，你最多能将牙签塔搭多高？你能不能搭建出一座牙签塔，在它的顶部支撑起一个塑料盘或塑料杯的同时又能承受住震动？将牙签弄成小段有作用吗？

刚刚发生了什么

如果你用三角形搭建了一个建筑物，那么，你很可能已经体验到了三角形的稳定性。一个三角形需要用到的牙签比正方形少，但是它的稳定性比正方形更高。这是因为：如果你沿着正方形的对角向正中间施加压力，就会将正方形压成菱形。对于建筑物来说，菱形绝对不是一个适合的形状。然而，三角形就没那么容易变形了。这就是为什么施工人员经常在建筑的框架中使用三角形了（这些三角形常常被隐藏在墙体之中）。

一般来说，地震会引起两种基本类型的地震波：体波和面波。体波在地球内部（或主体）传播，而面波沿着地球外部（或表面）传播。当你捶打凝胶制品的底部时，你正在模拟的是体波。当你摇晃凝胶制品的侧面时，你正在模拟的是面波。体波的传播速度更快（它们是地震的第一个迹象），但面波的破坏性更大。当你捶打桌子底部时，牙签塔的损坏程度可能比较低。当你摇晃凝胶制品的侧面时，牙签塔的损坏程度可能更高一些。

圣安德烈亚斯断层

世界闻名的圣安德烈亚斯断层坐落在加利福尼亚州，是一段长达1300千米的走向滑动断层。

这种类型的断层相邻的两个构造板块通常会沿着相反的方向滑动。在圣安德烈亚斯断层的两侧，太平洋板块和北美洲板块一直在缓慢地滑动。它们每年的滑动距离大致相当于同一时间段你指甲的增长长度——大约6厘米。一般情况下，这两个板块只会渐行渐远。但是，每隔一段时间，它们也会发生摩擦，然后卡在一起。想象一下，我们将一个金属弹簧不断往下压直至压平，一旦我们松开弹簧圈，弹簧就会大力地弹回原来的位置。被卡住的板块区域也会发生类似的情况。它会释放出巨大的力量，形成地震波——我们用地震波来描述各种类型的地震。因为圣安德烈亚斯断层处生活着大量的人口，所以，加利福尼亚州现在已经出台了相关法律，要求该地区所有建筑物和桥梁的设计都必须具备抗震性能，以避免在地震中出现摇摇欲坠的状况。

课外实验

塌陷的城市

安全起见，有些东西人们情愿只在“假设”中观察研究，也不愿在现实生活中去真实经历，例如饥肠辘辘的恐龙、黑死病或者地震引发的液化现象。建筑师们必须密切关注建筑所在地的土壤状况，除非他们想要和比萨斜塔一较高下。在本次实验中，你需要衡量建筑物在不同类型的地面上抵抗地震引发的液化现象的能力。

活动器材

- 3 个鞋盒大小的防水容器
- 一定量的沙子，能够覆盖容器底部大约 8 厘米。
- 差不多数量的碎石
- 差不多数量的泥土
- 水
- 城市搭建玩具（参见步骤 4 了解详情）
- 你的拳头或一根木槌

1. 做出一个假设，关于哪种材质（沙子、碎石或泥土）最容易受到地震液化的影响。

2. 取第一个容器，装入大约 8 厘米厚度的沙子；取第二个容器，装入大约 8 厘米厚度的碎石；取第三个容器，装入大约 8 厘米厚度的泥土。

3. 在三个容器中分别缓缓倒入一些水，直至水位几乎没过沙子、碎石或泥土。

4. 建造时间到了。在每个容器的表面搭建一座微型城市。你可以使用乐高积木搭建成套火车模型里的建筑物，也可以搭建你想象出的任何造型的建筑物。另外，你还可以在建筑物的附近摆上一些玩具汽车和人形公仔。原则上，每座城市应该拥有相似的组成部件。

无论你在你的城市中增加了什么设施，请确保将这些设施都按压到地面大约

构造板块的 3 种不同移动模式

它们沿着彼此背离的方向移动（这种移动会导致在陆地上形成山谷，在海底形成海沟）。

它们沿着靠近彼此的方向移动（该过程会形成绵延的山脉）。

它们水平错动（其中一个板块滑向一个方向，另一个板块滑向相反的方向）。

所有这些移动都有可能引发地震，特别是后两种。加利福尼亚州之所以地震频发，就是因为它处于太平洋板块沿着相反的方向滑离北美洲板块的区域。

6 毫米以下，从而保证它们的稳定性。

5. 现在，该爆发“地震”了！使用木槌或拳头敲击每个容器的侧面，分别敲击大约 10 到 15 次。

6. 观察每座城市的变化。你的假设正确吗?

刚刚发生了什么

你制造的地震大概会给城市造成了大量混乱吧。由于地面自身似乎出现了液化现象，建筑物可能陷进了地里或倒塌了。建在沙子上的城市无疑是遭受破坏最惨重，而建在碎石和泥土上的城市情况应该稍微好一些。这是因为沙子的颗粒相对更圆且尺寸更为接近，这减少了摩擦的机会，从而增大了液化的可能性。沙子的所有颗粒都松散地随机组合，直到有人开始在它们身上制造地震。一次缓慢而大力的推动之后，沙子中所含的水分会在被挤压出来后又缓慢地渗透回去，但多次的快速冲击，使水分没有足够的时间逃离现场。于是，水分被困在了地表，造成土壤颗粒无法更紧密地聚集在一起。结果就是，沙土遭遇了身份危机：混合着大量水分的颗粒滑落在彼此身上，开始表现得更像一种液体，而不是固体。

你要怎么做才能避免液化现象呢？请尝试不同种类的土壤，例如将碎石和沙子混合起来。由各种大小不一的颗粒组成的地面一般密度较高，且拥有棱角（非圆形）颗粒的地面在发生地震时也比较不容易变成一滩烂泥。

地球有一些特别的土壤会用幻象来掩盖它险恶的内心。你也许看过这样一部电影——在影片中，有人不小心踩进了流沙中，片刻后，令人毛骨悚然的事情发生了。这个人渐渐被泥沙全部吞没，除了一两根还伸在外面的手指。咕嘟咕嘟的响声过后，便响起了哀乐。好吧，这简直是胡说八道！泥沙并没有如此致命的杀伤力，所以，你大可不必谈“沙”色变！

海滩沙的颗粒通常是紧密聚集在一起的，沙子中只有少量的水分和空气。和海滩沙不同的是，流沙所含的水分和空气高达70%，沙子就像是悬浮在空气和水分之中一样。所以，流沙看起来像是坚实的地面，但实际上就像是一个巨大的水潭。

如果你不慎踩入流沙中，需要如何自救呢？诚然，这并不是一件值得高兴的事，但这也绝对不是世界末日！那么，如何才能逃脱流沙呢？首先，不要一开始就剧烈晃动。你晃动得越厉害，在流沙中就会陷得越深。流沙是一种非牛顿流体，因此，当你胡乱挣扎时，它会表现得更像固体，而不是液体。（请翻到“泥土”一章，了解更多相关知识点。）另外，也不要妄想请你的朋友将你拉出来……你可能反而将他们也拉进流沙中！那你需要怎么做呢？你可以尽你所能地慢慢将你的双腿分开，然后将你的双腿慢慢抬向流沙表面。这样做可以创造更多的空间让水分渗入，从而使你四肢周围的沙子变得更加松散。接下来，向后靠，伸展你的身体，与流沙表面保持平行，然后翻身，再慢慢爬向安全的土壤。虽然你可能会弄得浑身脏兮兮的，但是至少你将走出流沙！

在地震发生期间，坚实的地表有时也会表现得像一种液体，导致建筑物和人类都难以保持站立。你大概已经知道，我们脚下的大面积土地都是相当湿润的，且含有丰富的地下水（这也是人们钻孔打井的原因）。

地震引发的强烈震动会导致水饱和的土壤颗粒失去彼此的黏附性。曾经是固体的那些稀泥状土壤颗粒开始表现得像液体一样四处流动。这个过程被地质学家们称为“液化”。你应该能够想象到，任何停留在液化土地上面的人或物会发生怎样的事情——随着地表开始流动，它将无法再支撑任何的重量。于是，建在地表的建筑就会在顷刻间轰然倒塌！

当震动停止后，所有的土壤颗粒又会慢慢地重新变成坚实的土地——固体地表——但是，损害却已经造成了。

在肯塔基州鲍灵格林的克尔维特国家博物馆，一分钟前，一切还是如此的安静

这辆车陷入了流沙中，它即将寿终正寝。

平和。下一分钟，一个 18 米长、12 米宽的巨大的塌陷坑突然出现了，整个房间的老爷车瞬间落入了洞中。此外，2010 年，在危地马拉市的一个再普通不过的星期日午后，地面突然出现塌方，一座小型工厂瞬间落入一个大约 90 米深的巨坑中。

地球上某些地区表层土以下的土壤层多由石灰岩组成，这些地区形成塌陷坑的概率更大一些。石灰岩是一种很容易溶解于酸性水的岩石，而有些地区的地下水就含有很高的酸性物质。随着时间的流逝，地下水慢慢从石灰岩中渗出，不断侵蚀着石灰岩，形成一个大洞穴。由于这个洞穴上仍然覆盖着表层土，因此，在地表活动的人们很难发现洞穴的存在。日复一日，侵蚀达到一定程度后，表层土将再也无法承受住地表的重量。轰隆一声！洞穴的顶部（也可能是你此刻所站的地方）就会彻底坍塌，落入下面的空洞中。

这个位于危地马拉市的圆形塌陷坑的深度达到了 30 层楼。

人类活动有时也会导致落水坑的形成。一些位于承压地下水层之上的土壤层仅仅依靠水压支撑。当人们从地下大量抽取地下水，导致地下水位大幅度下降，土壤层也会随之下陷，于是塌陷坑就出现了！换句话说，水的存在和缺乏都能导致塌陷坑的形成。有些时候，事情很难预料！

2014 年，在肯塔基州鲍灵格林的克尔维特国家博物馆，当一个塌陷坑突然出现，这些被视为珍宝的跑车毁于一旦。

课外活动

塌陷坑轮盘

你可能会觉得世界上很多事是理所当然的——比如你脚下的土地不会吞没你。虽然，有些事情发生的可能性非常小，但就塌陷坑的形成进行一些小实验也是一件非常有意思的事情。邀请一位朋友一起参与这项实验，你们需要准备一些普通的日用品。测试一下你们的运气，看你们是否可以成功避开这些难以预测的地质隐患。

1. 剪出一条铝箔纸，大约 35 厘米长、5 厘米宽。用胶带将铝箔纸条的两端粘起来，形成一个圆环。将圆环摆在焙盘中。

2. 将 3 张纸卷成一个 5 厘米高的矮矮的圆管。这些圆管代表石灰岩矿床，它们存在于某些土壤中。

3. 不要让你的朋友观看接下来的 5 个步骤。将 3 根圆管分别放在圆环的不同位置。

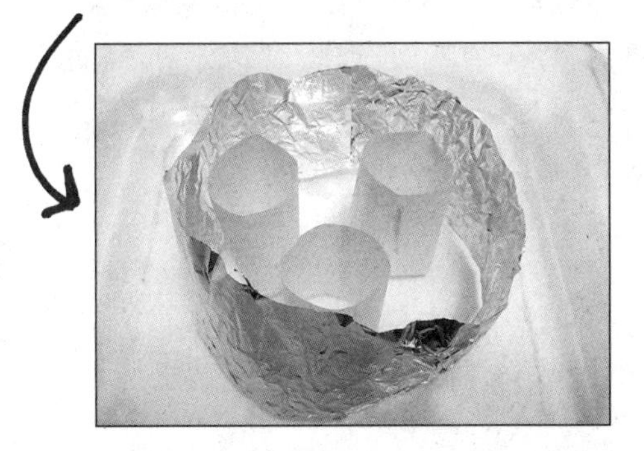

4. 在圆环中填入沙子，差不多填到圆环的顶部。但是，尽量不要将沙子弄到圆管中。最简单的办法就是，你用一只手扶住圆管，同时用另一只手倒入沙子。

- 铝箔纸
- 剪刀
- 胶带
- 焙盘
- 3 张 10 厘米长、5 厘米宽的纸
- 沙子
- 漏斗
- 白糖
- 数个玩具小房子（例如大富翁中的酒店或乐高积木）
- 水

5. 用漏斗将每个圆管中填满白糖，差不多填到圆管的顶部，白糖将代表石灰岩。

你需要使白糖的高度和沙子的高度保持一致。

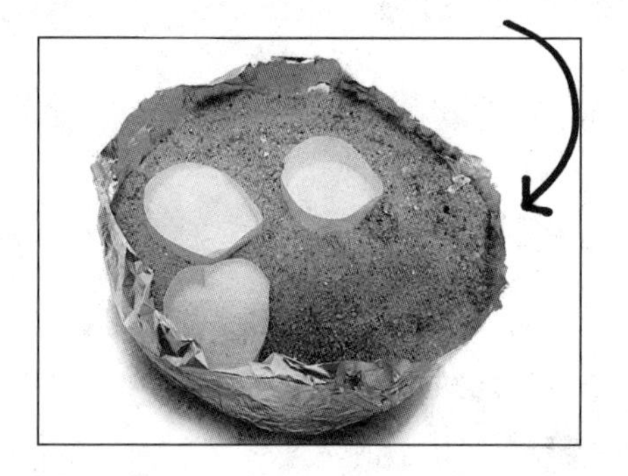

6. 将纸管抽出，只将圆柱状的白糖留在沙子中。

7. 为了将你的白糖石灰岩矿床隐藏起来，请在白糖上稍微撒上一些沙子，将白糖覆盖住即可。

8. 把你的朋友请回来，请他将玩具小房子放在沙子上。

9. 慢慢往焙盘中倒水，直至水位达到沙子最上层以下 25 毫米。这些“地下水”会慢慢渗透这块土地，不久你就会发现沙子变得湿润。然后，塌陷坑就会开始形成。哎哟！你的房子有陷入塌陷坑的吗？

刚刚发生了什么

白糖和石灰岩有一个共同点：它们都溶解于水。当水渗透沙子到达白糖的区域，就会慢慢溶解糖，形成无法支撑起它上面薄沙层的薄弱点。如果碰巧某座房子正好位于该薄弱点上，它就会随之下沉！当然，石灰岩的溶解速度要远远低于白糖的溶解速度。然而地球并不急于制造塌陷坑，对它来说这个过程早已经开始了，毕竟地球已经 45 亿岁了！

疤痕究竟拥有什么吸引人的地方，让我们总是忍不住想要玩弄一番呢？当我们摔倒后，我们的膝盖或肘部就会形成这样的血痂。我们总是强烈地想要抓挠甚至抠掉那些坚硬的壳状血痂。这种念头简直无法抗拒！疤痕究竟是什么呢？

你可以把它们想象成防止你受伤的自行车头盔。正如头盔能够保护你的头盖骨和大脑免于和路面来一次亲密接触，疤痕也能够保护你的内部组织免受危险病菌的袭击。所以，让我们探索一下疤痕是如何形成的，以及那可爱的外壳下究竟隐藏着什么吧！另外，你甚至能够制作一些“疤痕”模型，这样你就可以纵情并随意地抠这些疤痕了！

当你去杂货店买东西时，店员应该会帮你把你购买的东西全部放进一个购物袋中。毕竟，如果你直接用手拿着一堆零散的罐子、麦片盒、大量的水果以及一打鸡蛋，你是很难走出杂货店的。和你的购物袋一样，从根本上说，你的皮肤也是一个巨大的“身体袋”，用来容纳你所有的内部组织——器官、血管、骨骼以及其他所有保障身体运行的小零件。如果你的购物袋破了，你刚买的东西就会滚得满地都是。我们不能让我们的内部组织也发生类似的事情。所以，我们的身体有一种自己的应急机制，几乎能够瞬间修复我们皮肤上的撕裂和伤口。

那块血痂下正在发生着什么故事呢？好吧，首先，血痂附近仍然分布着大量已死的病菌和一些活菌。这是一份脓液配方——由细菌和一种名为“吞噬细胞”的特殊白细胞制成的混合物，其中也包括巨噬细胞。巨噬细胞最爱的食物就是体内已死的细胞和入侵的细菌。我们伤口处形成的那种奶白色或淡黄色的浓稠液体主要是由快撑死的吞噬细胞、大量的细菌以及已坏死的皮肤细胞组成的。脓液的出现标志着你的免疫系统正在对抗感染。不过，脓液看起来是超级恶心的！我敢打赌，你现在肯定不想触碰那块满是浓液的血茄！

设想一下，你正准备用滑板表演一次老派的尖翻，忽然被别的事情分散了注意力。于是，落地的时候出了一点小状况，你“啪”的一声摔在了人行道上，导致皮肉严重擦伤，还流了一些血。你的血液中充满了某些神奇的物质，在你受伤的时候，这些物质将发挥很大的作用。微小的血小板会像无数张小小的便利贴一样迅速依附在创伤处的血管上。它们还会彼此黏附在一起，凝结成块堵住伤口，有点像瓶口的软木塞或盖子。在这个结块过程中，血液由液态变成凝胶状态，也被称作“血液凝固”。同时，纤维蛋白原也被催化成丝状交

织成网，它们会附在血小板栓上，与血细胞共同形成凝血块止血，于是你的伤疤就初步形成了。

一旦疤痕形成，你的免疫系统就能真正开始工作了。白细胞通过血流奔向伤口，为了更快地到达目的地，它们甚至会强行穿过你血管中的狭小空间。白细胞中的巨噬细胞会在伤口下“吞噬”并摧毁任何不属于这里的细菌。在希腊语中，这个名字的意思就是“体型巨大的捕食者”，它们会在细菌周围形成吞噬泡，然后消化细菌！简直就是消灭细菌的“杀手锏”！巨噬细胞还能发出信号，请求其他细胞前来助阵，例如B细胞。B细胞有点像负责看守细菌（和病毒）的狱卒。它们利用名为“抗体”的特殊蛋白修建监狱的围墙，将这帮坏家伙包围起来，等待更多的巨噬细胞赶到现场完成抓捕工作。同时，更多的红细胞也会赶到现场，为正在修复伤口的细胞带来氧气和营养物质。难怪你的伤口会变大——所有细胞和液体都需要占据一定的空间！

人类并不是唯一能生成疤痕的生物。其他动物也会通过这种方法来愈合伤口。有些动物不仅仅是修复它们自己的伤口，还会通过这种办法来保护自己。自然界中存在一种蚜虫，它们是一种体型微小、以吸食植物汁液为生、会给花园造成严重破坏的害虫，它们生活在极小的名为虫瘿的“房子”里。蚜虫（或其他昆虫）入侵植物后，会在植物表面形成像球一样的空心瘤状物，这就是虫瘿。虫瘿能够为蚜虫提供食物，同时保护它们免受恶劣天气和捕食者的侵害。如果虫瘿受到损害，蚜虫中的修理工就会出来修补破洞。但是，这种蚜虫是专门异化出来的勤杂工，也被称为“自杀的粉刷工”。这是因为，它们会将自己的体液分泌在破损的墙壁上，用它们的腿来搅拌自己的分泌物，使分泌物在虫瘿的墙壁上形成一个痂，从而完成它们的修理工作。这个痂会在一个小时内硬化以帮助保护蚜虫的领土。你身上的疤痕下也发生着类似的事情。然后，这些勤劳的“粉刷工”又会得到什么回馈呢？什么都没有！失去所有的体液后，它们只能悲伤地离开这个世界！

课外活动

意面疤痕大餐

下面我要介绍一个非常炫酷的办法，既能让我们了解伤口开始愈合时的情况，又不用真正承受伤口带给我们的疼痛！除了能让我们了解有关血液凝结和疤痕愈合的知识外，这次活动还会给我们带来一些额外的奖励，那就是我们的活动作品是可以放心食用的——只要你能咽得下，它就是可以食用的。

- 一位成年人
- 1 根煮熟的意大利宽面条（宽而平）
- 大约 10 到 15 根煮熟的意大利细面条
- 滤锅
- 1/4 杯的番茄酱
- 大餐盘
- 刀
- 1/8 杯马苏里拉奶酪，切成葡萄干大小的小粒
- 8 粒圣女果

1. 请一位成年人帮你将意大利宽面条和意大利细面条煮熟。可以将两种意面一起煮。宽面条的烹饪时间稍长，所以，请先将宽面条扔进沸水中煮几分钟，然后再放入细面条。当两种意大利面都煮熟后，倒进滤锅滤干水分，洒上一点凉开水防止意面粘在一起。然后，将意面倒回锅中保温。

2. 另取一个锅，倒入番茄酱，放在炉子上小火加热，或放进微波炉中加热。

3. 将宽面条平整地摆在盘子上——这根宽面条将代表一根距离皮肤表面很近的血管的内壁。宽面条下面的盘子就代表外面的世界。在一个完美的世界里，血液永远看不到白天的光线（在本实验中，指盘子）。但是，不幸的是，你没有生活在一个完美的世界里，因为……

4. 哎哟！你刚刚骑着自行车撞到了树上。撞击使你的皮肤和血管出现了一个伤口。用小刀（在成年人的帮助下）在宽面条上切一条狭长的口子，来代表伤口。在宽面条上倒入一些番茄酱，来代表从你的伤口流出的血液。

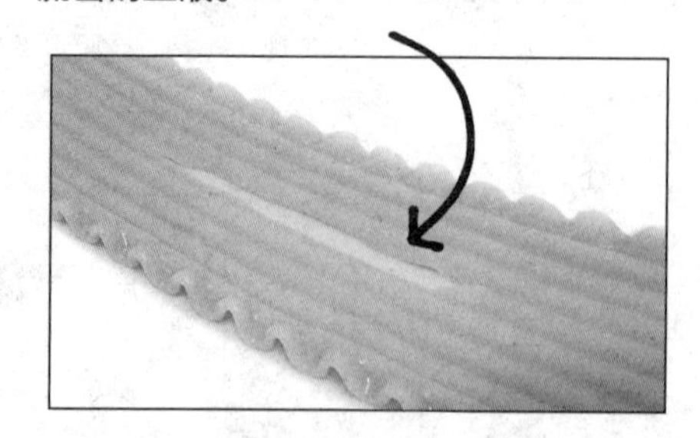

5. 你的身体马上意识到了伤口的出现。反应最快的是血小板，它们会冲向伤口，并聚集在一起努力堵住伤口。将切碎的马苏里奶酪放在宽面条的切口上，挤压奶酪碎直到它们粘在一起。和奶酪碎粘在一起的情况一样，你的血小板也会彼此相连。

6. 如果伤口很小，血小板就能独立完成工作，但是你的伤口很深。你需要一种能将所有东西结合在一起的物质。这时，你的身体召来了纤维蛋白。纤维蛋白是由具有黏性的蛋白质组成的弹性长链，它们会在血小板上形成一个网。请用细面条覆盖住奶酪，来代表能够增强血液凝块的网状纤维蛋白。

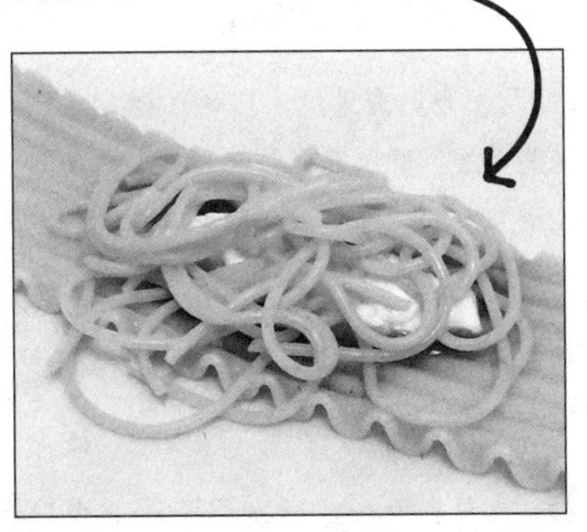

7. 血液会继续流经伤口，一些红细胞被困在了网中，使疤痕变得更加坚固。将圣女果扔在细面条之上，来代表红细胞。

你已经止住了流血，并制作了一份美味的疤痕大餐。你可以尽情享用它，但不能揭开它。这可比真正的伤疤要有趣得多。

刚刚发生了什么

纤维蛋白还有一个非常有趣的特点。它刚开始是长长的，且富有弹性。但是，随着时间的流逝，它会慢慢变硬并缩小。这点是十分重要的，因为它可以将撕裂的皮肤重新拉到一起，从而使伤口愈合。煮熟的细面条也可以做同样的事。请不要把你的意面疤痕大餐吃得一干二净，你可以留下一点过夜。等到第二天，你可以观察一下，意面变干后是如何收紧它的网的。

课外活动

一个可以揭开的疤痕！

揭开一个真正的疤痕并不是一个好主意，所以，请揭开以下替代品吧。你也可以用它来检测你是否能骗过你的家人——让他们误以为你擦伤了膝盖或肘部（或任何你希望他们误会的身体部位）。

- 1 包原味凝胶
- 小号深平底锅
- 1/4 杯凉开水
- 搅拌勺
- 一位成年人
- 1 汤匙的玉米糖浆
- 2 个小碗
- 2 支画笔
- 1 汤匙的粗磨燕麦粉或玉米淀粉
- 可可粉或咖啡粉
- 红色食用色素

1. 将凝胶倒进深平底锅中。

2. 加入凉开水，然后搅拌，使凝胶溶解于水。

3. 请你的家长帮助你将混合物端到炉子上，开小火，继续搅拌，直至混合物变得清澈。

4. 从炉子上取下混合物，放在一边待凉。

5. 一边等待，一边将玉米糖浆倒入小碗中。取一支画笔，蘸一点糖浆，在你的胳膊或腿上涂上少许糖浆，仿照疤痕的大小和形状涂。

6. 取少许燕麦粉或玉米淀粉，撒在你的玉米糖浆疤痕上。这样，你的皮肤上就会形成一个非常棒的类似疤痕的手感。

7. 等待几分钟，然后轻轻吹走多余的燕麦粉或玉米淀粉。

8. 另取一个小碗，倒入一些可可粉或咖啡粉，加入一两滴红色食用色素以及少许玉米糖浆，混合均匀。这样，你就能调制出一种合适的疤痕颜色。

9. 请小心翼翼地用一根手指检测一下凝胶的温度，确保它已经冷却到了适合涂抹在皮肤上的温度。凝胶应该是浓稠的，但仍然是液体。

10. 在疤痕上轻轻涂抹一层薄薄的凝胶，来防止疤痕滑落。

11. 向你的家长或朋友展示一下你的疤痕，看是否能够骗到他们。然后你就可以随意地抠掉它！

没有人会喜欢缝针。为你生活在21世纪的今天感到庆幸吧！在过去，人们使用羊肠线、猪鬃以及袋鼠肌腱来缝合伤口。此外，在南美洲，人们使用蚂蚁来闭合伤口的两侧。他们将蚂蚁放在伤口上，使蚂蚁的口器能够同时啃噬伤口的两侧，从而闭合伤口。然后，人们会将蚂蚁的身体拧下来，只留下蚂蚁的头部像夹钳一样卡在病人的伤口上。多么机智的做法啊，尽管那只蚂蚁很可怜！

皮肤的自我修复能力

痂皮一旦形成，痂皮下的皮肤细胞就会开始增多，并在痂皮下方不断自我复制。它们甚至会利用伪足——有点像长满小水泡的脚——在伤口附近移动。如果它不是如此炫酷，那它可能就有点令人毛骨悚然了。不久，痂皮下就会形成一层细腻的新皮肤。痂皮能够保证那些新生皮肤细胞在生长期间的安全。就算结痂的地方可能会有点痒，你也不能揭开它。否则，你的皮肤和血液细胞就得重新开始愈合了！另外，也很可能会造成疤痕感染，因为你的指甲下可能潜伏着一些不好的东西。一两周后，痂皮就会自然脱落，所以请多点耐心。

一闪一闪亮晶晶的疤痕

如果你的滑板尖翻动作失败了，你可能会留下一个终生难忘的纪念品——一道疤痕。任何深层皮肤（也被称为“真皮层”）的损伤（包括挤青春痘）都会留下白色、粉色、棕色或银色的永久性疤痕。疤痕是由多层自然出现的叫作胶原蛋白的蛋白质形成的，它们会聚集在新生皮肤下帮助伤口愈合。人们将它称之为“疤痕组织”。它的硬度较高，但弹性略逊于原来的皮肤。有一些疤痕很平整，另一些疤痕却凹凸不平，还有一些疤痕可能会让你痒得受不了！

如果你不想留下永久的疤痕，就千万

不要揭开伤疤！你可以用一片创可贴或绷带盖住伤口，并请医生为你开一点能够加速伤口愈合的药膏；也可以请医生为你开一点干净湿润的敷料，从而抑制硬痂甚至疤痕的形成。随着时间的流逝，许多疤痕都会变淡。现在，甚至已经有了能够彻底去除疤痕的专业护理。不过，也有许多人会为他们身上的疤痕而感到自豪，他们甚至喜欢为疤痕编造一些离奇的故事——这是一个我与滑板不得不说的故事：我做了一个720度的空中翻转，奥运会金牌简直唾手可得！不料，我忽然重重地摔了下来！老兄，这就是我身上这道疤痕的来源！

1. 测定伤口的出血时间！事故发生的15分钟后，在你已经按住伤口的情况下，伤口是否仍在大量出血？如果是，你很可能需要将它缝合起来！

2. 认真研究你的伤口！伤口是否是由外物造成的？这个物体是不是脏兮兮的或生锈了的？如果答案是肯定的，我想你的伤口需要缝合一下。另外，伤口的位置如何？如果伤口在关节处、脸上或靠近你的私处，也请将它缝合起来。

3. 接下来，请对伤口进行一些测量，包括伤口的深度、长度和宽度等。是否是较深的刀口或裂口？你能不能在伤口内看见少量的黄色的脂肪粒？如果是，这意味着这个伤口可能是一个裂伤，医生通常将较深的切口或裂口称为“裂伤”。一个深度超过6毫米的切口就需要缝针了。擦伤仅仅是擦掉了皮肤的表层，所以不需要缝针。

请确保你的手指是干净的，用手指轻轻捏住伤口的两侧，使伤口合在一起。在愈合伤口方面，可以尝试一下创可贴，它在帮助小伤口愈合方面有非常好的效果。如果创可贴没有用，请尽快前往急救室将伤口缝合起来！

课外活动

“受伤”的橙子

正在接受培训的医生需要进行大量缝合练习，但是没有人愿意充当他们的小白鼠，所以，学医的学生有时会在橙子上进行缝合练习！你也可以试试。

活动器材

- 1个厚皮橙子或葡萄柚
- 小刀
- 盘子
- 一位帮助你切割橙子的成年人
- 水
- 玩具注射器（可选）
- 毛巾
- 从急救箱中取出1个酒精棉，或者在一个棉球上沾上一点水来假装真正的酒精棉
- 剪刀
- 缝合针（弯曲的绣花针更像外科医生使用的弯型缝合针）
- 1米长的细线（黑色是传统的缝合颜色，其他颜色也都可以）

1. 真是个笨手笨脚的橙子！它永远学不会看脚下的路！现在，它被绊倒了，重重地摔在了一块尖尖的金属上。在一位成年人的帮助下，在橙皮上切开一道5厘米长的口子，口子的深度需要穿过橙皮，但不需要切进果肉中。可以切掉一点橙皮，这样伤口看起来更加敞开一点。

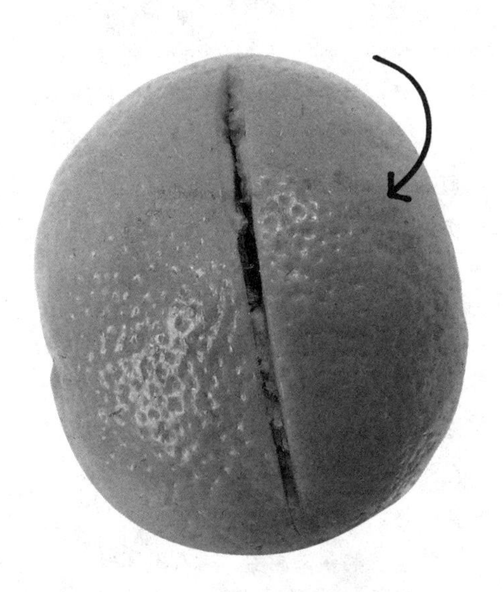

2. 为了防止橙子在你缝合时滚动，请在橙子的背面切下一片，方便将橙子平稳地安置在盘子上。

3. 为了更加贴合医生的缝合过程，你可以在伤口内“注入”一些水。你可以使用玩具注射器注水，你也可以将橙子放在水槽中的水龙头下冲水。医生通常会往伤口中注射盐溶液来杀灭细菌——盐溶液是无菌水和盐的混合溶液。

4. 用一条干净的毛巾轻轻擦干橙子表面

的水分。你也可以用酒精棉（或者一个在水中浸泡过的棉球假装成酒精棉）来清理一下伤口外部。

5. 剪出一段大约 30 厘米的细线，然后将细线穿过针眼。如果你不会穿针，可以请一位成年人来帮助你。

调整针眼两端细线的长度，直到针眼一端的细线长度是另一端的两倍，但是不用打结。

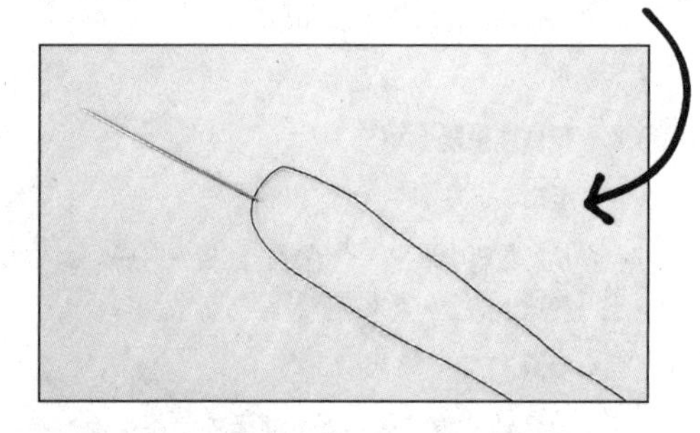

6. 从伤口的中间位置开始，将缝合针刺入伤口的一侧。缝合针应该穿过橙皮，距离伤口 6–12 毫米。请注意，不要被缝合针扎到你的手指。

7. 将缝合针穿过果肉中刺入伤口的另一侧。请确保针孔在伤口两侧的距离相等，缝合针穿出的位置要正对着它穿入的位置。由于每根缝合针的粗细不一致，你可能需要花点时间使缝合针在伤口两侧的穿入与穿出的距离相等。

如果是真正的皮肤，医生们需要将缝合针穿过皮肤的上面两层：表皮和真皮。你只需要记住，你正在橙子上进行缝合练习，不是人类。犯点错也没关系。

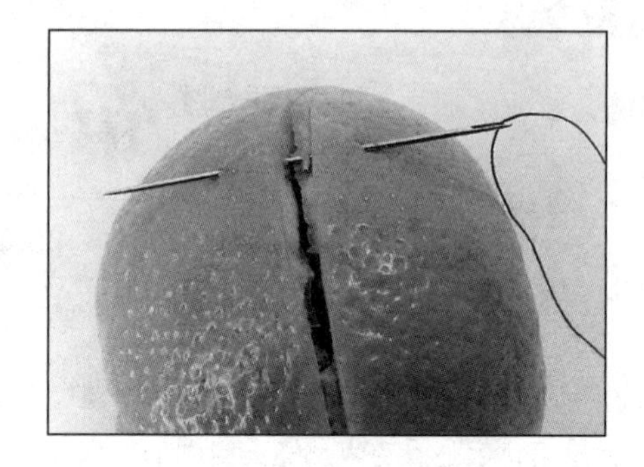

8. 用针和线将伤口基本缝合起来。在橙子的一侧留大约 5–7 厘米的细线。剪断另一侧的细线，也保留大约 5–7 厘米的细线。将缝合针和剩下的细线放在一旁。

9. 拿起细线的两头，开始将细线系起来，就像系鞋带一样。系两次，形成一个死结。尽你所能地将橙子上的细线系紧系平。

10. 紧挨着结修剪掉多余的细线，然后欣赏你缝合的针脚！这次的缝合可能会有点松，但是没关系！多练习几次，你就能缝出又平又紧的针脚了。你也可以将这些针脚剪断，然后在相同的位置再缝合一次。这次，你可以缩小针距，每针距离控制在 6 毫米以内，以便将整个伤口更好地缝起来。

11. 好好欣赏你缝合的橙子吧！在接下来的几天里，仔细观察橙子逐渐皱缩和变干的过程。在大约 10 到 15 天的愈合期后，真正的伤口会逐渐缩小，而不是会像橙子一样腐烂。如果你想要好好吓吓某人，你可以将橙子的果肉剥除，小心不要弄坏了针脚。借来一些化妆品，将橙皮化妆成你皮肤的样子。将化好妆的橙皮放在你的胳膊上，然后包上纱布将橙皮固定住，记得一定要将吓人的针脚露出来。现在，你可以向你的朋友们吹嘘你被外星人“绑架”的光荣经历了，让他们惴惴不安去吧。

刚刚发生了什么

恭喜！你刚刚模拟了一次“简单缝合”——简单缝合是所有缝合技巧中最基本的。又紧又平的针脚还是有一定难度的，对不对？外科医生必须进行大量练习才能使操作变得熟练而快速。除了简单缝合外，还有很多其他难度更高的针法，如果你能够将这些针法练得炉火纯青，操作起来将会更省时。外科医生通常会使用特殊的工具来控制缝合线，而不是手指。他们会佩戴手套在血肉模糊的皮肤上进行手术，所以很难控制和系绳子。因此，他们常使用手术镊以及一种类似剪钳或剪刀的特殊“针托”。如果你家里有镊子和剪钳，请试试用它们来进行伤口缝合！

嘿，祝贺你在“课外医学院”开设的缝合课程中获得了优秀的成绩。你马上就能在你的名字后加上一个称谓——了不起的医生。

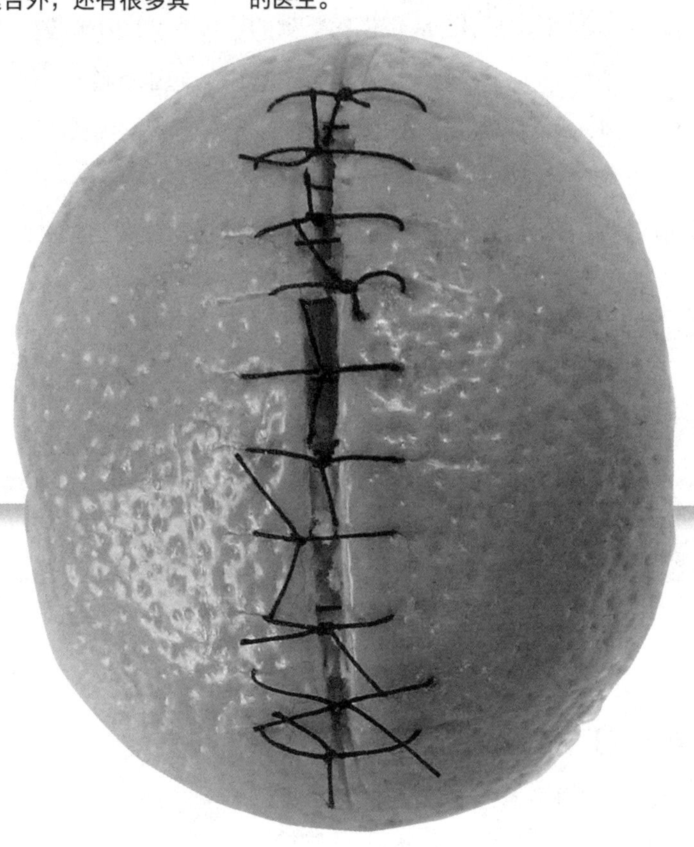

及时地缝合

有时，如果伤口很大，它就无法在没有帮助的情况下自行愈合。有时，伤口两侧的距离太远，以至于难以结痂，伤口就会经常裂开，出血不止。如果出现了这样的情况，请快速在附近找到一位医生，让他帮你将伤口缝合起来。也许你会认为，相比你原本的伤口，医生用针一次又一次地刺穿你的皮肤会更痛、更糟糕。不过，幸运的是，现在的医生已经能够通过注射麻药麻痹你的神经末梢，减轻你感受到的痛楚。对于一些伤口来说，缝合是至关重要的。否则，你就会留下一个巨大的疤痕，或者，更糟糕的是，有害细菌会从伤口处侵入你的体内。针对一个巨大的血淋淋的切口，我们主要有三种不同的缝合方法。

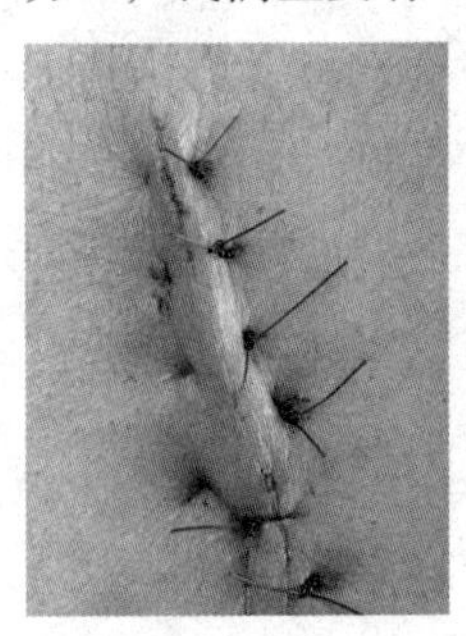

缝线 缝线是一种特殊的手术用线，可以由丝绸、棉花、钢铁或尼龙制成。医生使用缝线和弯针来缝合伤口。现在，人们还发明了一种在一段时间后能够溶解的缝线。这样，你就不必再回医院拆线了。

医用"订书钉" 订书钉是另一种缝合伤口的方式。相比缝线，它们通常拥有更好的疗效。这是因为，它们的缝合速度更快，且伤口愈合后更易移除。当然，千万不要在家里尝试这个方法，你的文具订书机无法达到理想的效果！医用订书钉是由钛或医用不锈钢制成的。

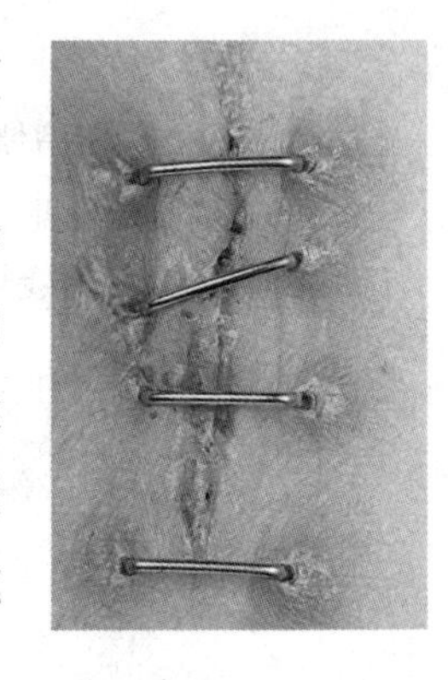

黏合剂 这是千真万确的！医生们经常用它来止血——信不信由你——这是万能胶在医学上的应用。它的官方学名叫作"氰基丙烯酸盐黏合剂"。现在，这种拥有超强黏性的东西正在被越来越广泛地应用于医学领域。它快速便捷，使用方便，且疗效很好。但是，请拉钩保证你会将这份工作留给医生！

S是一个如此可爱的字母！

除疤痕外，还有一些其他美味且魅力非凡的东西是以"S"开头的[注：疤痕（scabs）和缝针（stitches）的英文均是S开头的]，例如黏液（slime）和口水（spit），请继续往下阅读！

黏质物

现在，请立刻想出5种黏糊糊的东西。黏质物在字典中有这样一个定义：一种湿润、柔软且滑溜溜的，常常会令人作呕的东西。那么，你想到了哪5种东西呢？也许是鼻涕，还有什么呢？还有鼻涕虫——毫无疑问，那些下雨天出现的、四处爬行的、像黏液一样的小家伙明显就是。蜗牛也是——它们爬到哪儿，就会在哪儿留下一条黏液的痕迹。可以直接从壳中吸食的牡蛎也是黏质物中的一员。还有生鸡蛋和融化了的蜜糖！那么，黏质物究竟有什么令我们作呕的地方呢？

你可以用一个官方学名来描述黏质物，那就是黏滞性的液体（viscous liquid）——这个单词听起来都是黏糊糊的。人们用黏度来衡量液体的流动阻力。你可以把它想成浓度（如果你愿意，也可以想成懒惰程度）。蜂蜜、糖浆和鼻涕的浓度均高于水，也就是说它们拥有更高的流动阻力。较高的流动阻力会使液体的流速非常缓慢，较低的流动阻力意味着它的流速也较快。

一种液体流动阻力的高低还取决于它的温度。设想一下，如果你在一片刚烤好的吐司上涂抹了花生酱，会发生什么呢？短短片刻后，曾经拥有较高黏性的花生酱就会开始从你的嘴角滴到下巴上，甚至滴到你的大腿上！它的黏性降低了。但是，如果你将花生酱重新扔进冰箱，祝你好运，你甚至需要舔干净勺子上的花生酱！因为它会变得非常的黏稠！

恶心吗？

黏质物是令人作呕的。不过，某些黏质物和一些黏糊糊的物质格外有意思。它们能够同时拥有固体和液体的属性。正如你所知道的，固体能够保持它的形状，而液体能够流动并呈现出容器的形状。但是，某些黏质物既能够像液体一样流动，又能瞬间变成坚硬的固体。人们将它们称为“非牛顿流体”。

想想番茄酱、酸奶和牙膏。它们之所以赢得了“非牛顿流体”的称号是因为它们的属性不符合人们对流体属性的经典定义。为什么叫作“非牛顿流体”呢？还记得艾萨克·牛顿爵士吗？他是一位才华横溢的物理学家和数学家——据说，1666 年，他被一颗从树上掉落的苹果砸中了脑袋，于是发现了万有引力的规律。（事实并非如此，他并没有真的被苹果砸中脑袋，他的灵感很可能是来自长期观察苹果从树上坠落的过程。）

牛顿没有沉迷于电子游戏或电视剧，因为当时也没有这些东西。他有大量的时间去思考和发现一些令人惊讶的事情。虽说他最著名的著作是关于地心引力、微积分、光学以及三大运动定律的，不过他也沉迷于流体的研究（流体包括液体和气体）。他注意到：有些流体无论受到了多大的外力作用，其黏度都会维持不变。比如说，你取一杯水，将手指伸进去搅拌，或者摇晃玻璃杯，水的黏度并不会变高或变低。如果你用吸管在水里吹泡泡，然后将水倒出来，水的流速也不会变快。它完全遵循流体的牛顿定律。许多油类也是如此，温度的变化能够影响它的黏度，但是外力作用——比如你用一根胡萝卜条不断搅动一碗

黏糊糊的盔甲

在中世纪，骑士们穿的盔甲都是金属制成的。如今，许多军人和警察开始穿着一种由“凯夫拉尔纤维”为材料制成的防弹衣。这种材料拥有极好的防护性，然而它笨重、不灵活且不透气。凯夫拉尔纤维能够阻挡子弹，但无法阻挡尖钉或一些带尖头的东西。这是因为，从根本上说，它不过是由一种极为特殊的塑料制成的线“编织”而成的。军队和警察机关一直期待着一种更好的防弹衣出现。所以，当得知科学家们正在研制一种新型的非牛顿黏质物，他们都振奋不已——当被子弹击中或刺穿时，这种新型的化学物质能够瞬间变得如岩石般坚硬。我们可以把它和一层薄薄的凯夫拉尔纤维结合起来。如此一来，当遇到强力冲击时，这种全新的防护装甲就会变得柔软并富有弹性。一种由黏质物制成的“液体”盔甲，诞生了！

橄榄油——是不能改变它们的黏度的。

但是，如果是非牛顿流体呢！哦，我的天哪！那些类似流沙、番茄酱、血液、颜料和洗发水的东西全部都是“违法乱纪者”，因为它们的黏度的确会因外力作用而发生变化。当你触摸它们时，它们瞬间就会表现得像一种固体！当你猛拍瓶身，有一些流体的流速的确会变快，例如番茄酱。多么奇怪啊！那么，这究竟是因为什么呢？

这都是一种叫作“剪切应力”的外力作用造成的。当你敲击、搅拌或挤压某种非牛顿流体时，就会形成剪切应力。像番茄酱这样会随着剪切率升高而黏度降低的流体，通常被称为“剪切稀化”。你拿着番茄酱瓶放在薯条上方，等了很久也不见番茄酱流出来，于是你开始猛拍瓶底，番茄酱就会变稀，黏度变低，立刻就“扑通扑通”地流出来了。蛋黄酱、芥末和胶水也是一样的，如果你搅拌或者摇晃瓶身，它们就会变稀。

还有一些非牛顿流体则完全相反——当被敲击或快速晃动时，它们的黏度会增高，人们称之为“剪切增稠”。如果你不小心陷入了流沙中，剧烈晃动只会让你感觉像是被包裹在砖块里一样，只有通过非常缓慢的移动才能逃离流沙。非牛顿流体甚至存在于你的体内，你的关节内就存在一种名为“滑膜液”的剪切增稠流体。大多数时间，这种流体都是稀薄而湿软的，但是，如果你被一个足球击中了关节处，这种流体就会变得浓稠，从而保护你的关节！谁又会想到，我们的膝盖和肘部竟然会有这种黏糊糊的违背牛顿黏性定律的液体存在呢！

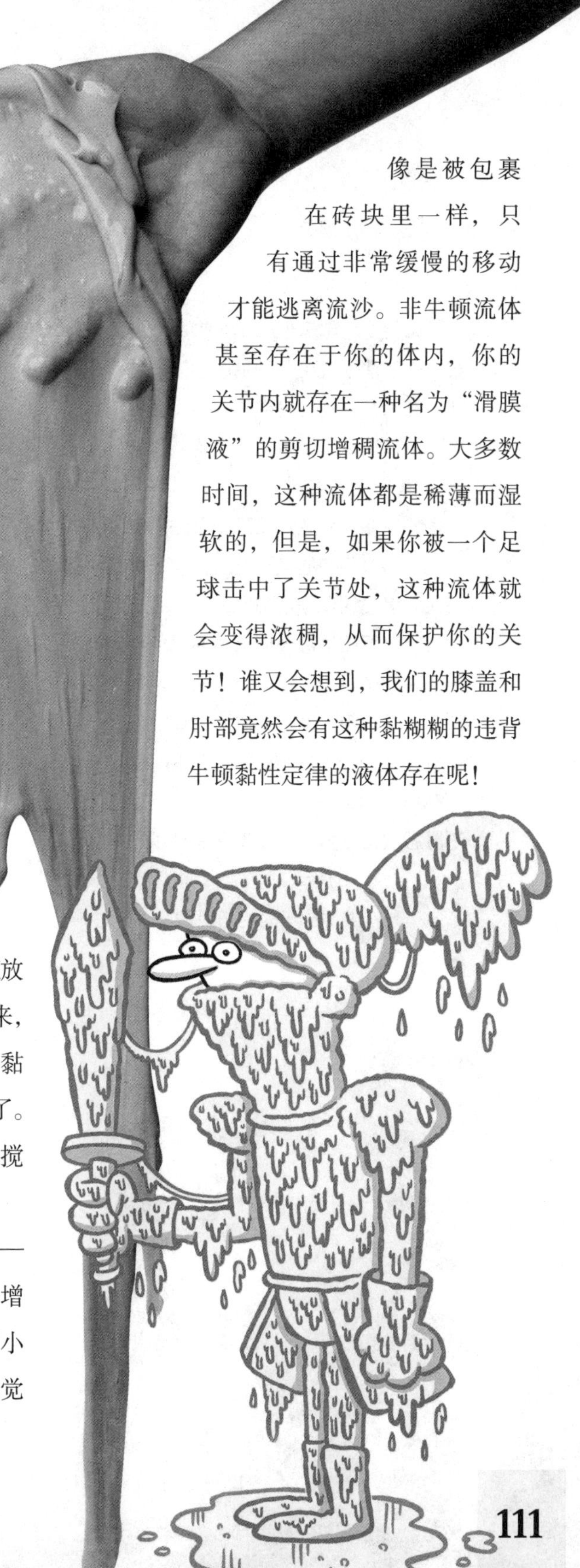

课外实验

液体“奥运会”

耐性是科学家们必不可少的一项技能！焦油沥青是一种黏度超高的物质，无论从外观还是属性来看，它都像是一种固体（在室温下，我们可以用铁锤将沥青打碎）。1927年，科学家们在澳大利亚开始了一项黏度实验，且如今仍在继续进行。作为一种石油，焦油沥青是这种实验的主要研究对象。下图钟形玻璃罩中的黑色沥青拥有一个极为缓慢的滴落速度，大约每十年一滴。科学家们利用该数据计算出了沥青的浓度是水的浓度的2000亿倍以上。我敢打赌，你肯定不愿意被指派为负责观察和等待下一滴沥青的人，除非你有10年的空闲时间。

如果你的父母声称，你走路“比一月份流动的糖浆还要慢”，那一定是对你走路的速度极其无语了！现在，就让我们一起了解一下糖浆以及其他黏糊糊的物质的移动速度究竟是怎样的吧？取几种黏性液体，然后让它们参加下面的竞赛。

- 3种或3种以上的家用液体，如下：
  糖浆、牛奶、食用油、玉米糖浆、果汁、番茄酱、芥末、洗洁精、洗发水或沐浴露、蜂蜜
- 量杯
- 杯子若干，需保证每种你即将检测的液体各有1个杯子
- 足够数量的朋友，每人握住一两杯液体
- 一个60-90厘米长的光滑表面，作为测试的跑道，例如长方形的砧板、广告纸板或大盒子的一面。该表面必须能倾斜放置，宽度足以一次测试几种液体。侧立的小桌子也可以
- 一块旧毛巾
- 计时器或带有秒针的时钟
- 铅笔或可水洗马克笔
- 卷尺或码尺

1. 用量杯将每种液体各取1/4杯，然后倒入不同的杯子中。你必须使用相同体积的液体，这点很重要，否则，这将是一场不公平的比赛。

2. 既然你已经知道黏度会受温度的影响，你就必须确保所有的液体都保持相同的温度。那么，请将所有这些液体都置于室温环境下，直到接近室温。或者，你也可以将它们全部放入冰箱中，一个小时后取出。(事实上，你还可以进行另外一个有趣的实验……那就是测试和比较同种液体在不同温度下的黏度。)

3. 做出一个假设，关于哪种液体将拥有最高的黏度(流速缓慢)，并说明原因。

4. 倾斜你的测试跑道，使其与地面保持45度角。将跑道靠在某个物体上，使其保持稳定性。你可以用带子将跑道固定起来，也可以请一位朋友扶着。请确保倾斜角度在所有测试中保持不变。

5. 将跑道底部放在你的旧毛巾上。这样既可以防止液体弄得到处都是，又可以防止跑道滑落。

6. 分配好几个拿杯子的人和一个记录时间的人。

7. 手拿杯子，位于测试跑道的最顶端，每个杯子之间要留有一定距离。当一切准备就绪，一个人启动计数器，然后大喊："放手！！！"另几个人同时将杯子里的液体倒在跑道上。

8. 10秒钟后，用铅笔或可水洗马克笔标示出每种液体流到的位置。

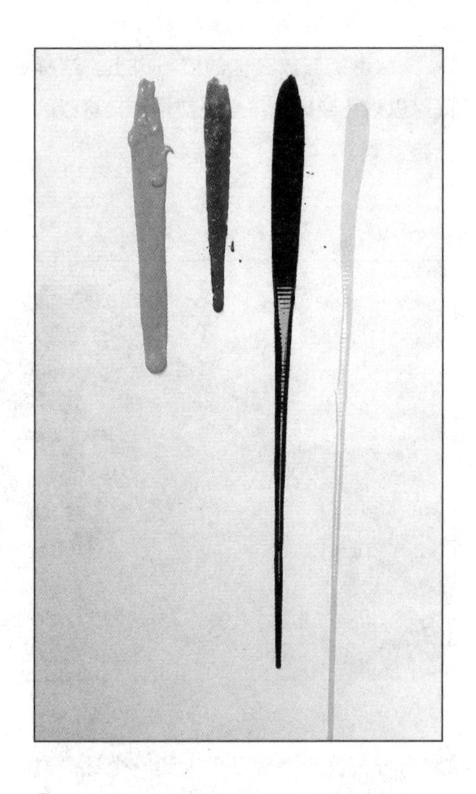

9. 使用卷尺或码尺测量出每种液体的流动距离，然后推算出哪种液体的黏度最高，哪种液体的黏度最低……换句话说，哪种液体在10秒钟内流动的距离最短，哪种液体流动的距离最长。

10. 你可以将你的测试跑道擦干净，然后再测试一些其他液体，或者你也可以结束本次实验！

刚刚发生了什么

你的假设正确吗？你大概已经注意到，虽然很慢，但是糖浆确实沿着跑道向下移动了一段距离。它和地球上的万事万物一样遵循了万有引力定律，只不过很慢很慢而已。一种材料的黏度主要取决于组成该材料的分子的形状和尺寸以及分子间的相互作用。如果分子间经常发生摩擦，就会形成摩擦力。摩擦力则会减慢运动速度和流动速度。

你有没有在下雨天尝试穿过打着雨伞的拥挤人群？人们不断彼此推挤，于是减慢了人群的移动速度。如果所有人都变成小小的、圆圆的、有弹性的球形，那么，穿过人群就会变得容易得多。水分子体型小巧且分布紧凑，所以它们很容易流动。糖分子或油分子体型庞大且凹凸不平——有点类似于下雨天将手伸得长长的打着雨伞的人群。这就是为什么黏度更大的蜂蜜、玉米糖浆、糖浆和橄榄油流速慢于水的原因。因为它们的分子不断地相互碰撞，就像是发生了交通阻塞一样！

你有比较过同种液体在不同温度下的黏度了吗？当你加热某种液体，其分子的移动速度会变快。所以，即使它们彼此发生了碰撞，它们又会快速地弹开，然后继续流动。当液体冷却后，其分子的移动速度会变慢，于是需要花费更长的时间才能流过。这就是为什么人们喜欢开玩笑说“比一月份流动的糖浆还要慢”。在一月份温度比较低的情况下，糖浆的移动速度将异常缓慢。所以，下次你父母抱怨你走路太慢时，你可以说：“事实上，我认为我现在的步行速度相当于冷藏过的番茄酱流下45度角的斜坡的速度。”

课外探索

黏质物到底是液体还是固体？

到底是液体还是固体呢？让我们一起来探究一下这种令人作呕的非牛顿黏液。有一些荒唐可笑的科学家们甚至用这种黏液填满整座游泳，只为了用它做实验或者玩游戏。原则上来讲，你是可以跑着穿过这些特殊的流体的，前提是你的速度足够快！反之，放慢速度你就很可能会沉入这一大池的黏质物中！

活动器材

- 3/4 杯玉米淀粉
- 1 杯水
- 小碗
- 勺子或你的手
- 黄色或绿色的食用色素（可选）
- 面巾纸

1. 取一个小碗，倒入玉米淀粉和 1/4 杯的水，用勺子搅拌均匀。你也可以直接用手搅拌，达到一个更令人作呕的效果。继续往碗里加入 2 到 3 勺的水，请一勺一勺地加入，继续搅拌，直到所有的玉米淀粉都被搅拌均匀。当你刚开始搅拌时，玉米淀粉应该是硬硬的粉状固体。但是，当你停止搅拌后，它就变成了黏糊糊的物质。

2. 请尽情地揉捏它，感受它穿过你的指尖的触感。当你快速挤压或任其慢慢流动时，请注意两种情况的区别。取一个勺子，戳入碗中；你也可以用勺子刮擦碗内黏质物平整的表面，将黏质物拍平；你也可以尝试用你的拳头捶打黏质物。观察一下，分别会发生什么呢？现在，尝试用你的手指从碗中取出黏质物，让它在你的指间缓缓流动。接下来，将你的手指再次戳入碗中，又会发生什么呢？

3. 你也可以尝试加入更多的水，或加入更多的玉米淀粉继续你的研究。

4. 你还可以将黏质物染成黄色或绿色或任何你喜欢的颜色。或者弄一团到你的面巾纸上，伪装成一大坨你刚刚从鼻子里挖出的鼻屎，去吓一吓你的朋友！

5. 当你玩够了之后，记得处理掉这些黏质物，将它扔进垃圾桶或放入堆肥中。需要注意的是，如果你把它倒入了下水道，紧跟着又倒入了更多的水……水的压力会使黏质物重新变回固体，然后堵塞你的下水道！

刚刚发生了什么

这种玉米淀粉与水混合而成的黏质物通常被称为欧不裂（oobleck），它同时具有固体和液体的属性。它不仅是一种非牛顿流体，还是一种胶态悬浮体或聚合物。玉米淀粉分子不溶于水，它们只会四处闲逛——悬浮在水中各处。当它们悬浮在水中时，它们都有点厌恶社交（严格来说，它们彼此“厌恶”）。如果它们可以开口说话，它们可能会说，“嘿，你这个家伙，麻烦给我点私人空间。”但是，当感受到来自你双手拍打的压力时，水中的玉米淀粉分子们就会团结起来，暂时表现得像一堵坚固的城墙。当你停止施加压力，只是将少量的玉米淀粉放在你摊开的手掌上，玉米淀粉分子们就会拥有足够的水分，像液体一样滑过彼此，它们又会重新回到自己的私人空间闲逛。

你可以把玉米淀粉分子想象成一大群毛茸茸的大猩猩，它们四处闲逛，不停地吃着香蕉。如果你径直冲向它们，不断尖叫并挥舞你的手臂，你就会不偏不倚地撞到由愤怒恼火的灵长目动物组成的一大堵毛茸茸的墙上，它们想要阻止你破坏它们的雅兴。（在玉米淀粉的例子中，你的手之所以陷在了玉米淀粉中，是因为你没有给玉米淀粉分子们足够的时间逃离你的手。）但是，如果你缓慢且安静地爬向大猩猩们，你也许可以在不被发现的情况下从它们中间溜过去。同样的，当你动作非常缓慢时，你的手指就能轻松滑过玉米淀粉分子的身旁。

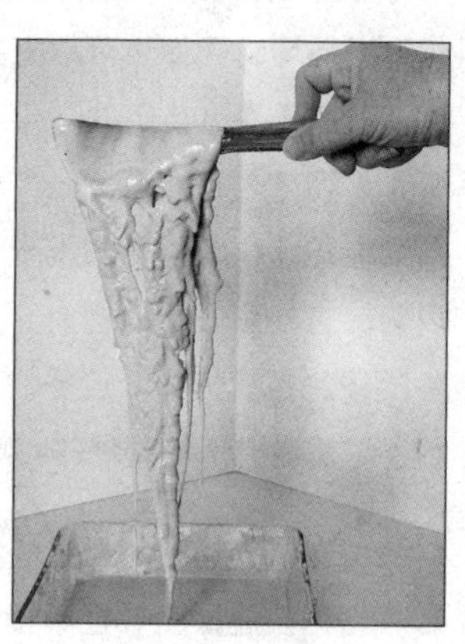

实验中制作出来的黏质物很好玩吧？大自然中也存在一些有趣的黏质物，当你打开家门走到后院中，也许就能发现一些不停移动的黏质物，当然这也取决于你生活的地区。在得克萨斯州，一位当地居民发现了一团 30 厘米长的、类似果冻一般的黏质生物在他家后院的草坪中有规律地移动着。这一场面想想都让人忍不住想吐出来！科学家们被紧急召集起来研究它，研究的结果令他们兴奋不已！这是一种黏液菌。这种生物能够慢慢地蔓延至整个草坪，随着它的蔓延，草坪中的落叶、细菌、真菌甚至其他黏质物都有可能被它吞噬。

黏液菌属于原生生物，它们大部分是单细胞有机体。它们体型极小，但能够成千上万个结合在一起组成一个宽达 3-4 米的超级黏质物。自然界中存在 900 多种不同的黏液菌品种。它们颜色各异—— 大红色、深湖蓝、霓虹橘、棕色、黑色、白色或者一种科学家称之为“狗吐黄”的颜色。虽然它们没有大脑和神经系统，但当黏液菌聚集在一起时，它们就拥有了自己走出实验迷宫以及径直准确找到食物的能力。真是聪明绝顶的黏质物！

自然界中还存在着其他四处爬行的光滑黏质物。例如，鼻涕虫和蜗牛。它们拥有肌肉发达的“腹足”，可以拖着自己的身子一路前行。这种腹足能够分泌出黏稠的黏液——又湿又滑。它们爬行时就像是在鼻涕上滑冰，这种黏液能够帮助它们在任何经过的表面上滑行。清晨，你可以通过在花园或人行道上留下的黏液踪迹发现它们往返的路线。或者你也可以在树叶上找到一些它们留下的踪迹！

为了保护自己，许多动物会用黏液将自己的身体包裹起来。例如鱼类，它们的身体表层就有一层黏液涂层。因为浑身黏滑，捕食者（无论大型还是小型的）就很难抓到它们。如果你是一个饥肠辘辘的食客，正在设法抓住一个浑身包裹着黏液的生物，那么，祝你好运，请抓牢点！黏液还能作为一种防御武器吓走捕食者！盲鳗能够在遇到危险的半秒内喷射出一种黏液，这种黏液能够黏住攻击者的鳃，从而令它们窒息。由此看来，我们正在谈论的也可能是一顿能够令你窒息的大餐。

黏液也意味着更小的摩擦力，这样它们就能非常快速地游泳！青蛙和蝾螈之所以穿上一件黏液大衣就是因为这个原因。此外，黏液能够使它们保持体表的湿润，还可以帮助它们逃离你们这些想要抓住它们的小孩！

呀！黏液菌！它们在潮湿的环境中大量滋生，和巨大的变形虫一样，它们也能移动。

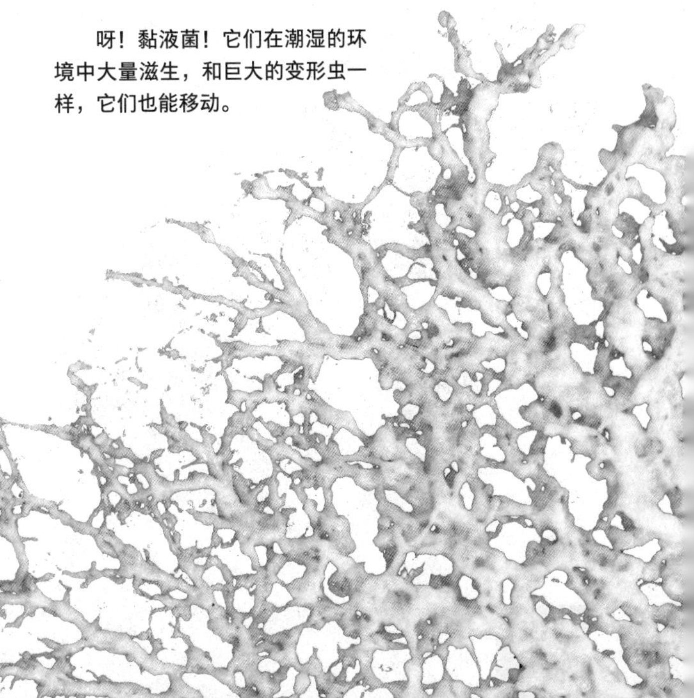

透明的黏质物鼻涕虫

还记得你在“放屁”一章制作出的放屁的黏液袋吗？本次的课外活动和之前的那个活动有点类似，也可以说是它的升级版！你即将仿造鼻涕虫留下的黏液制作一种透明的黏质物。从根本上说，这种黏液就是一条缓缓移动的黏液带。我们知道你一直渴望拥有一个黏质物伙伴，你可以放心地和它分享你内心深处的秘密！

活动器材

- 量杯
- 埃尔默的学校凝胶
- 胶水
- 温水
- 碗
- 勺子
- 杯子
- 硼砂（你可以在超市的洗衣液附近找到它）
- 食用色素（霓虹食用色素可以使你的黏质物在黑暗中发光）
- 自封袋

1. 取一个碗，倒入 1/2 杯的胶水和 1/2 杯的温水，用勺子搅拌均匀。

2. 取一个杯子，倒入 1 茶匙的硼砂和 3/4 杯的温水，搅拌均匀。

3. 慢慢将温水和硼砂的混合物倒入温水和胶水的混合物中，一边倒，一边搅拌。当混合物变得非常黏稠，搅拌得有些费劲

时，继续用双手（注意：接触硼砂前请确保双手没有伤口）进行搅拌，直到混合物摸起来像一个黏质的球。碗中可能还会剩下少量的水，温水和硼砂的混合物可能也没用完。如果杯子中还剩下少量的硼砂，你可以试着用它清洗一下衣物。

4. 从碗中取出你制作的黏质物。将黏质物冲洗干净，也务必将你的双手冲洗干净，因为硼砂有时会引起皮肤过敏。还有一个非常非常重要的事情需要告诉你，你制作的这个黏质物是不能食用的。洗干净

后，你就可以放心大胆地玩了。尽情享受这个黏糊糊的作品给你带来的快乐吧。

5. 为了防止你新交的黏球伙伴失去水分，请将它储藏在一个自封袋中。如果将这个黏质物静置一段时间，它可能会变得更好玩。尝试将它做成一个球，然后让它在桌子上弹跳!

刚刚发生了什么

想要知道你的黏质物的化学性质吗？本活动使用了硼砂，这是一种从地下挖掘出来的矿物质。胶水是一种叫作“聚合物”的化学物质。聚合物（polymer）是由几种结构单元（poly在古希腊语中的意思是“许多”）通过共价键连接起来的分子量很高的化合物。换句话说，聚合物是非常非常长的化学链条。一些聚合物（例如聚氯乙烯管）牢固且坚硬；另外一些（例如你黏球中的聚合物）坚韧且富有弹性。我们体内也包含了一些天然的聚合物：DNA、淀粉以及一些蛋白质（例如头发和指甲）。塑料、颜料和尼龙也属于聚合物。当你搅拌硼砂中的胶水，胶水聚合物的所有链条就会连在一起，形成更大、更复杂和更乱的链条。这些链条艰难地流经彼此，所以，最后的混合物的黏度是非常高的。如果你将它静置一段时间，这些链条仍然还是可以流动的。同时，它还极富弹性，这就意味着它可以被反复拉伸、挤压和玩耍。谁又能预料到，黏球竟然可以成为一个如此出色的宠物呢!

哇——现在，你的大脑肯定和西瓜一样大了。不过，后面还有更多有趣的东西等着你呢！你的大脑还有足够的空间来容纳更多的知识吗？如果答案是肯定的，请继续往下阅读，研究一下你口腔中酝酿的那种黏滑的东西——口水。

口水

雄性骆驼的求偶仪式：通过流口水和吹泡泡来吸引异性。

我们可以想象出的最恶心的一个场景就是看见有人随地吐痰——从口中往地上喷射出一团会飞的黏液。然而那团讨厌的、会飞的黏液就是你赖以生存的一个关键因素。如果没有口水，那就祝你好运喽——在你吃任何食物，包括你的下一盘法式炸薯条的时候！

当你处于睡眠状态时，你口腔分泌的唾液数量会减少。于是，细菌难以像白天一样被唾液冲走。大量的细菌 = 臭味。这就是为什么你早上起床时会有口气的原因！最简单的解决办法就是：请坚持刷牙！

口水，也称“唾液”，是你口腔中必不可少的一种物质。事实上，如果没有口水，那么除了稀薄的汤汁外，你将无法吞下任何食物——甚至是一小口酥脆可口的炸薯条！唾液的主要功能是湿润食物，便于吞咽。因为唾液的存在，食物才能滑入你的食道。除此之外，口水还具有一些其他的作用！例如，它能够通过冲走你口腔中的食物残渣和酸性饮料，帮助你保持口腔的清洁；它建立了食物和你的味蕾之间的联系（太美味了！），开启了消化的过程，并保护你的口腔和牙齿免受恶臭的真菌和细菌的侵害。对我们来说，口水相当重要，也相当了不起！

那么，唾液究竟是什么呢？让我们来

了解一下吧！唾液的主要成分是水、黏液（你的鼻涕中也含有相同的物质！）和电解质（例如盐和其他矿物质）。电解质能够维持人体细胞的正常运行。此外，唾液中还富含能够帮助消化的酶！稍后，我们会进行更加详细的介绍。一个人平均每天能分泌出1-2升的口水！口水主要是通过唾液腺分泌的，唾液腺主要分布在你的脸颊和耳部之间。即使在你不吃东西时，这些腺体也会慢慢地分泌唾液。当你闻到了一阵香辣比萨或刚出炉的巧克力布朗尼蛋糕的香味时，唾液腺就会开始大量分泌唾液。但是，只有当你的嘴巴里真的有食物时，它们才会真正开始工作。唾液的分泌和你正在咀嚼的食物是否美味是没关系的：即使你咀嚼的是一个棉球，那些腺体也会进行它们的工作。

事实上，大街上经常会有一些整天无所事事地闲逛的狗狗，如果你在没有穿雨披的情况下抚摸它们，很可能会让你来一次不必要的唾液淋浴！尤其是下面这些品种的狗狗：

马士提夫獒犬　寻血猎犬
圣伯纳德犬　纽芬兰犬
斗牛犬　巴吉度猎犬

它们只要轻轻摇晃一下它们硕大的毛茸茸的脑袋，口水就会溅到地板和墙面上，甚至是你的衣服上。它们为什么会这么喜欢流口水呢？因为这些狗都长着又深又大的颌骨，短小的鼻子以及宽大的嘴巴。它们的身体结构决定了它们很难吞下过量的唾液——其实你每天也会分泌出大量的唾液，只是你可能没有注意到。所有的狗狗在闻到食物的香味时都会流口水，然而这些喜欢流口水的狗狗却是无时无刻不在分泌着口水。狗狗们在紧张时也会流口水，这就有点像老师突然提出让你进行随堂测试时你的感受。幸运的是，你通常只会流汗，而不是在你的课桌上留下一滩口水。

口水的作用

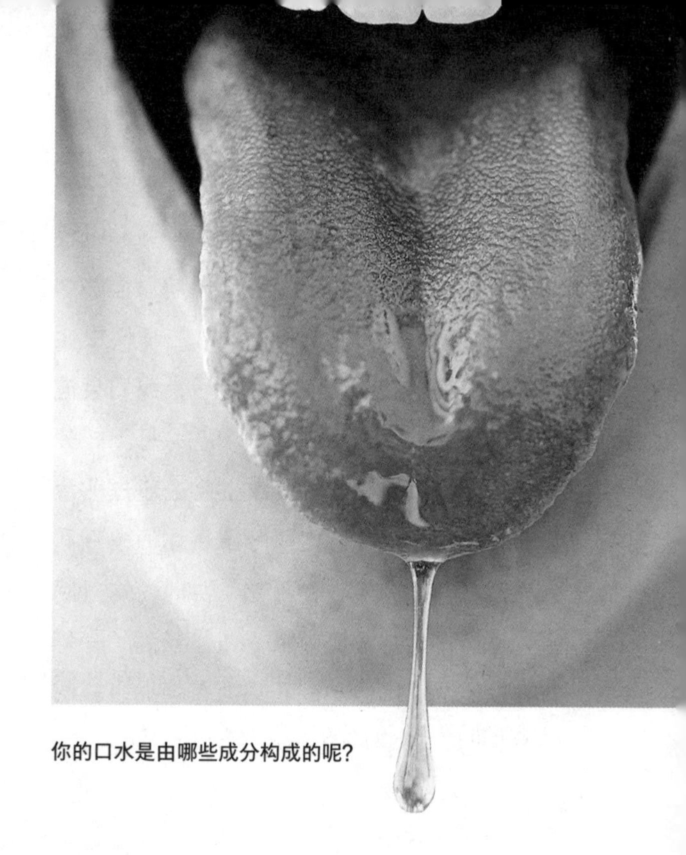

你的口水是由哪些成分构成的呢?

为吞咽做准备 你咬了一口食物，你的牙齿、舌头、嘴唇、脸颊和唾液都开始共同努力，制作了一个食团——一团加了唾液的食物。口水的一个至关重要的作用就是湿润并将食物凝结成一个细腻而黏滑的食团。这样一来，当你狼吞虎咽时，食物就不会损伤你的食道。

稀释酸性物质 你喜欢柠檬水或橙汁吗？很多我们喜爱的饮料（和一些食物）中都会有一些酸性物质。当我们喝下一大口这种酸性饮料时，唾液就会蜂拥而至，稀释饮料中的酸性物质。如果你的口腔不能分泌唾液，你的牙齿就只能浸泡在酸性液体中。那么，再见了，牙釉质！等待你的将会是蛀牙和严重的牙痛！

让食物更美味 唾液可以让食物变得更加美味！我们不是说唾液本身很好吃，而是唾液可以湿润并分解食物分子。小小的食物颗粒被唾液中的酶分解后，食物分子才能到达你的味蕾，我们才能尝到食物的味道。味蕾是你重要的感觉器官之一，它们遍布在你的舌头上，负责将所有鲜、甜、咸、酸、苦五种基本的味觉信息传递到你的大脑。没有味蕾，你吃下的所有食物都将是寡淡无味的！

开启消化过程 你还记得酶吗？就是那些帮助食物产生化学反应的催化剂。口水中的酶负责分解食物，从而减轻肠胃的消化任务（请翻到“消化系统”一章，了解更多生动的细节）。淀粉酶是酶的一种，让我们的身体能够从面包、土豆等食物中吸收有用的营养成分。脂肪酶是另外一种酶，它能够分解脂肪。事实上，一些高端的洗衣液和洗洁精中已经开始用从口水中发现的这种酶来对付脂肪，从而达到让衣物和餐盘洁净如新的目的。

课外实验

口水能力奥林匹克

你和你的朋友们大概总是吹嘘自己跑得最快，跳得最远，或俯卧撑做得最多。但是，你们有没有比过谁的口水最厉害呢？参加这次的奥林匹克竞赛不会让你汗流浃背，因为在本次的试验中，将要测试的是你的口水履行自己职责的情况。

- 透明的饮用玻璃杯或试管，每位参与者需一个杯子或试管
- 马克笔
- 小号量勺
- 水
- 碘酒
- 几张白纸
- 咸饼干
- 口水

1. 取一个玻璃杯，标示好控制A组，这是本次实验的对照组。请记住，对照组是实验中用来和其他实验结果做比较的单元组。在控制A组中加入2汤匙的水和2滴碘酒，搅拌一下。将玻璃杯放在一张白纸上，你可以很清楚地看到它的颜色——棕黄色。

2. 取一块花生大小的咸饼干，将它放在一张折合纸上，然后捣碎。另取一个杯子，倒入饼干粉末，标示好B组。在B组杯中加入2汤匙的水和2滴碘酒，搅拌一下；杯中的混合液应该比A组杯中的混合液的颜色要深得多。

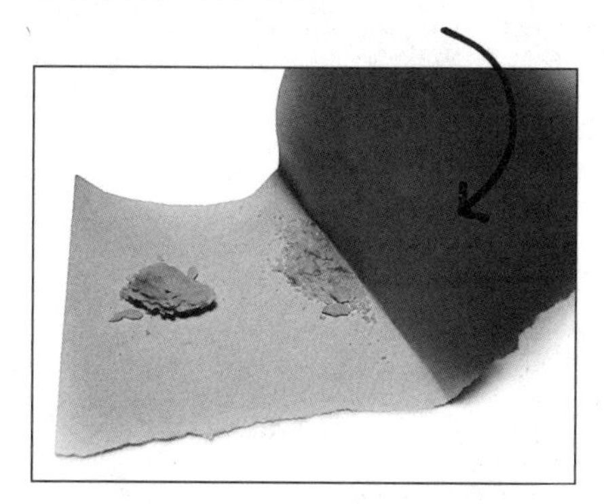

3. 现在，本次口水奥林匹克的每位参与者各取一块花生大小的咸饼干，将它放在一张折合纸上捣碎，然后将粉状的饼干倒进自己专属的玻璃杯中。

4. 比赛正式开始！每个人需要收集2汤匙的唾液，并将它加入自己的玻璃杯中。人类的唾液腺每天分泌1–2升的口水，所以收集唾液应该是很容易的。（你可能曾在电视上看到一些棒球运动员会互相吐口水，但你现在已经是一名彬彬有礼的科学家了，所以，你必须要有礼貌地吐唾液。）

5. 在每位参与者的玻璃杯中加入2滴碘酒。每个人的混合液的颜色应该和控制B中的混合液一样会变深一些。

6. 等待大约 10 分钟，观察混合液中发生的任何颜色变化，特别注意对比 B 杯。

刚刚发生了什么

正如你所发现的，碘酒拥有一种非常炫酷的能力。当碘酒遇到淀粉（B 杯）后，它的颜色能从棕黄色（控制 A 杯）变成蓝黑色。（碘酒还能被用来消毒伤口和净化饮用水。）咸饼干中含有大量淀粉。淀粉是一种无味的、贮存在植物体内的能量物质。一些由小麦、大米和土豆制成的食品中就包含了大量这种复合碳水化合物。当我们将碘酒加到放有咸饼干粉末的玻璃杯中时，杯中混合液的颜色会变得更深，这是因为碘酒和淀粉发生了化学反应。

唾液中含有有助消化的化学物质——淀粉酶。淀粉酶的职责就是将淀粉分子分解成更小的葡萄糖颗粒，更利于人体消化吸收。碘酒遇到淀粉后颜色会变深，但是，等淀粉被分解完毕后，它的颜色又会变浅。谁的口水中的酶含量最高，他的玻璃杯中混合液的颜色最后就会最浅。请将参与者的玻璃杯和 B 杯进行比较，谁的口水最厉害？接下来，这些也能成为你们吹嘘的资本！

口水甜味剂

- 一种淀粉类食品，无味食品除外，例如无盐原味饼干或原味面包
- 口水（它此刻正在你的口中流淌！）

一些孩子愿意倾其所有来换取让食物变得更甜的魔法。那么，感谢你的口水吧，事实上，因为它的存在，你的确拥有这种神奇的力量！

1. 去除食物上所有看得见的盐，否则你的味蕾就可能被它干扰。

2. 将食物放进嘴巴里开始咀嚼，但是不要吞下去。留意一下，这时的味道并不是特别甜。

3. 继续咀嚼，咀嚼的时间越长，你的实验效果就越好。一段时间后，你口中的糊状物应该开始变得有点甜了。

4. 将糊状物吞下去！

刚刚发生了什么

如果你已经完成了“口水能力奥林匹克”实验，你就应该知道口水有帮助消化的作用，这得益于口水中的淀粉酶。淀粉是一种长纤维化学物质，它由大量极小的葡萄糖单元链接而成。淀粉酶能够将这些链接分解成更小的葡萄糖颗粒，这是我们身体必不可少的能量来源。葡萄糖没有其他糖类那么甜，例如果糖（水果中含有的糖）或蔗糖（食糖）。但是，你的舌头很敏感，能够检测到这微甜的味道。因为糖是一种富含能量的物质，所以人类进化得越来越擅长检测糖类了。另外，从生物学上说，人类天生就渴望更多的糖。既然你已经证明了你的唾液有增甜能力，也许你接下来的投资项目可以是一个口水摊，而不是一个柠檬汁摊。事实上，别放在心上——虽然口水摊听起来确实是有点恶心！

课外探索

我简直口干舌燥！

你经常会感到口干舌燥？那么，祝你在吞咽食物时能够好运常在！唾液是如何帮助我们判断一种食物是美味的还是应该立即吐出来的？在本次的课外探索中，你将研究的是：在唾液稀少时，舌头检测食物味道的表现将会如何。

活动器材

- 一两位值得信任的朋友，请他们洗净双手
- 若干块弄成小块的含水食物（例如水果）和脱水食物（例如谷物或饼干）
- 每人一块干净的毛巾

1. 用肥皂洗净双手，同时确保你的朋友也将双手洗净，然后用毛巾擦干手上的水分。

2. 将食物切成或撕成能一口吞下的小块。

3. 分配好参与者的角色，一个人充当口味测试者，一个人充当食物分配者。

4. 口味测试者需要不停地舔他的毛巾，直到口干舌燥。然后闭上眼睛，张开嘴，伸出舌头。

5. 食物分配者小心地将一小块食物放在口味测试者的舌头上。不转动舌头的情况下，口味测试者尝试检测出放在舌头上的食物的味道。

6. 现在，口味测试者可以吃掉食物或者将食物吐掉。接下来，请喝一口水冲掉上一种食物的味道。

7. 分别针对另外几种食物，重复4、5、6的实验步骤，既有含水食物又有脱水食物。在两次试味之间，记得重复4的步骤使舌头保持干燥。

8. 调换口味测试者和食物分配者的角色。新的口味测试者应该使用一条新的干净毛巾。

刚刚发生了什么

你大概已经发现了，测试者很难（甚至不可能）检测出脱水食物的味道，但是我们成功地检测出了含水食物的味道。这是因为，我们的味蕾需要水分才能开始工作。舌头上那些小小的隆起物也被称为“舌乳头”，每个舌乳头包含数百个微小的味蕾。味蕾上分布着超级微小的毛发状附加物，也就是“味毛”。味毛能够检测出不同的口味，但是这些味毛只有在食物溶解于液体后才能真正开始工作。唾液中的水含量大约有99%，它能够很好地溶解食物颗粒。这样，你才能够通过味蕾检测到食物的味道。含水食物本身就包含了水分，所以，你能够更轻松地检测到它们的味道。而脱水食物中不含水分，因此也就无法激活你的味蕾。

令人毛骨悚然的

科学

早在19世纪末20世纪初，俄罗斯医生伊凡·巴甫洛夫就开始致力于研究唾液在消化过程中的重要性了。你可能听说过他那世界闻名的实验——他每次给狗喂食前都会放出一个声音，经过一段时间后，这个声音一响，狗狗们就会开始分泌唾液。为了更好地收集数据，他做了一件非常令人作呕的事情。

巴甫洛夫将一群狗关在封闭的小房子里，通过外科手术将一些口水收集管连接至它们的唾液腺。每当给它们喂食时，唾液就会沿着收集管流入悬挂在它们身上的试管中。巴甫洛夫很快注意到，每当饲养员进入房间，狗狗的唾液就会开始大量涌出。“咔嗒”的开门声就像是打开充满口水的水龙头阀门！最后，巴甫洛夫通过使用一种节拍器来表示用餐时间，进一步完善了本次实验。不久后，节拍器发出的一丁点声响都能引发一次口水盛宴，即使没有看见肉粉大餐。他成功将狗狗们训练成了超级口水大王。他成功地将一个基本的物理条件反射转化为一个精神上的条件反射！

几个世纪以前，人们就已经知道，口水是消化系统抵御病菌袭击的第一道防线。在殖民统治时期，曾有一本医学小册子建议使用人类口水来治疗溃疡。事实上，口水中含有一种叫作“溶菌酶”的物质，它能够杀死细菌。

在古代中国，唾液曾被视为去除腋臭的一味良药。我敢肯定，这种治疗中最难的一步就是找到一个愿意为他舔腋窝的人！但是，想想看：口腔中的伤口的确比皮肤上的伤口要愈合得更快，连狗和猫也经常通过舔伤口来加速愈合过程。科学家们已经准确找出唾液中的这种能够有效加速伤口愈合的化合物——组胺素。也许，在将来的某一天，你可以在当地的药店中就能买到一管组胺素！

现在，你已经知道，当那根法式炸薯条触碰到你的舌头时，口腔内会发生什么事情。接下来，让我们继续探究一下，当薯条被排出体外，进入马桶后，它们又去了哪里！

马桶

你现在急需一间厕所！否则再过一会儿，你就需要重新换一套衣服了！想象一下，如果人们现在还没有发明室内厕所，你可能就需要向你的老师请假，然后去操场后面上厕所。如果你深夜突然想上厕所了，你可能需要取出放在你床下的尿壶，然后尿在里面。对了，别忘了还有屋外厕所。很早以前，人们还没有发明移动厕所，只能冒着大雨、暴风雪、高温以及悬挂在空中的蜘蛛去户外尿尿或便便！在不太遥远的过去，以上都是你的如厕选择。

我们在土耳其的以弗所发现了一些古希腊时期的厕所，这些厕所坑位很多，可以允许全家人同时上厕所。

在以前，室内管道是一种极度奢华的东西！大约在5000年以前，一群生活在苏格兰最北部（一个几乎每天下雨的地方）的人们设计了一种斜道，这种斜道能够将粪便和尿液从他们的住所运送到屋外的某处深坑中。于是，当天气恶劣时，人们不再需要冒着狂风暴雨赶去屋外的厕所。

大约3700年前，在希腊皇室的房间里，首个真正意义上的抽水马桶出现了。这个马桶有着舒适的座椅，马桶下设

马桶堵塞事件

今天，你正悠闲地待在私家侦探的办公室里，突然，电话开始催命似的响了起来。一些人抱怨他们的马桶堵住了，还有一些人抱怨他们的净化系统堵塞了。为什么呢？很有可能是他们的卫生纸导致了堵塞。为了验证这个猜想，你需要进行一次实验，找出哪种品牌的卫生纸在水中的溶解性最好，也最不容易造成马桶堵塞。

- 为每种卫生纸各准备一个碗
- 至少 3 种不同品牌的卫生纸，每种卫生纸各取 5 张（备选纸应具有多样性：超厚卫生纸、再生环保纸以及不易感染的卫生纸。从你学校的厕所、朋友或亲戚处进行卫生纸收集）
- 马克笔
- 水
- 勺子

1. 取 3 个碗，在每个碗中各放入一种品牌的卫生纸，每种品牌各放 5 张。做好标识，便于记录每个碗中分别是哪个品牌的卫生纸。做出一个假设，哪种品牌的溶解性最好以及原因。

2. 在每个碗中各倒入一些水。

3. 缓缓地搅拌每个碗中的卫生纸各 15 秒。

4. 等待 15 分钟，然后用勺子将卫生纸舀出来，并仔细观察每团卫生纸。比较每个样本的分解程度。

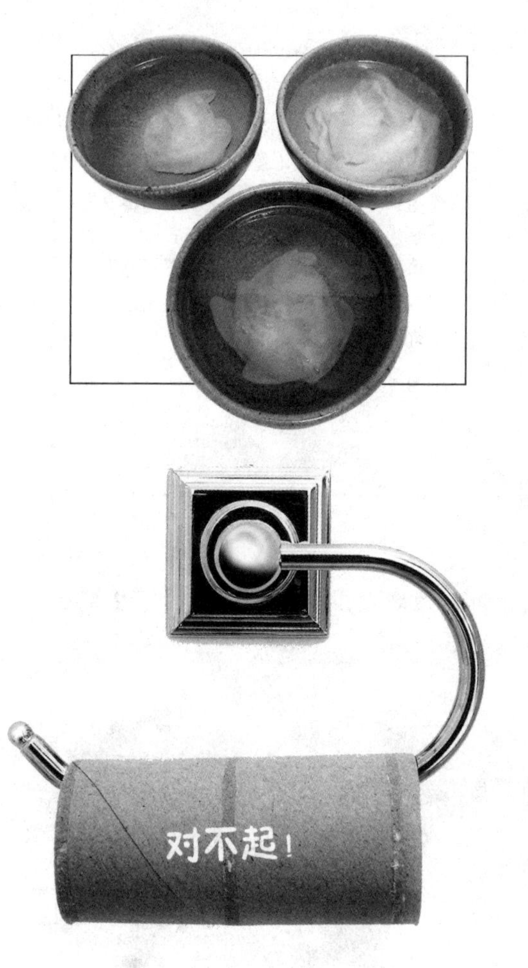

刚刚发生了什么

卫生纸工程师（没错，这也是一种职业）在制造卫生纸时有许多目标。他们设计的卫生纸使用起来必须是柔软且舒适的。你肯定不想用硬纸板擦屁股，对不对？此外，他们设计的卫生纸应该能够吸收水分且经久耐用，从而能把排泄物擦得干干净净。但是，卫生纸还应该拥有良好的水溶性，从而避免堵塞厕所的水管装置。

你的实验结果可能和我们的不一致，这取决于你使用哪种品牌的卫生纸。但是，你大概发现了，由再生环保纸制成的卫生纸溶解性最好。当你下次选用卫生纸时，请考虑使用“绿色产品”。美国人曾经沉迷于使用超软卫生纸，这种卫生纸是通过砍伐成千上万棵树木制成的。艾伦·赫斯考维茨是一位废弃物专家兼科学家，他说过，“任何类型的森林都不应该用来制作卫生纸。”我们非常赞同这个观点！再生环保纸是人类最好的选择。关于卫生纸最重要的一点是：每天有 2.7 万棵树木被加工成“木材”，然后制作成卫生纸。你下次备货时，如果选择购买百分之百由再生环保纸制成的卫生纸，就可以为实现零树木砍伐贡献出你的一份力量。

有便池，以及大量通向宫殿外的水管。把水倒入管道，排泄物就被“冲走”了。哈哈！第一个皇家抽水马桶！对于古希腊和古罗马的富人来说，这个系统是奢华的象征。但是，到了5世纪晚期，罗马文明彻底消亡，黑暗时代席卷了整个欧洲，室内厕所又消失了。人们重新开始在粪坑拉屎，在灌木丛后或窗户外的恶心尿壶中撒尿。

请准备一些阅读材料，打发无聊的如厕时间。

直到大约1600年，便壶的使用情况已经变得相当糟糕。幸运的是，也是在这个时候，一位聪明绝顶的发明家约翰·哈林顿发明了第一批现代马桶。伊丽莎白女王非常喜欢这个马桶，这简直就是一个女王专用的宝座！他的设计和现代抽水马桶有许多的相似之处：一个底部设有阀门的水箱和使水流入便池的工作原理。然而，抽水马桶的改进仍然十分缓慢。直到大约300年后，托马斯·克拉普才通过加入了其他的水管装置（例如，浮球状装置）提高了马桶的清洁度。这种装置能够浮在水箱的水面，调节水箱的水位。这两位发明家为抽水马桶的发明做出了重大贡献。今天，我们可以用“约翰”或“克拉普”来表示“我要上厕所了”。

当你周游世界时，请做好准备，你所到地方的厕所可能和你习惯用的不同。毫无疑问，这将是一场厕所冒险！

茅坑 在地上挖一个洞，请确保你可以轻松地站在它的上方。你没有坐的地方，所以，你只能蹲着，希望你能瞄准点。否则，你可能就需要换双鞋子了！如果你正在亚马孙地区蹲着上厕所，请留心那些毛茸茸的两趾树懒。

它们对人类粪便的味道情有独钟，对它们来说，你就像是一个“大便甜筒机”。你肯定不希望一蹲下来就发现一张毛茸茸的脸正对你的屁股虎视眈眈吧！

课外活动

我感到兴奋不已！

马桶是家庭中的无名英雄。它每天忠实地履行着自己的职责——你家里其他设施都不会自愿进行的一份工作。但是，抽水马桶的工作原理究竟是什么？下面，我们将为你提供一些说明，教你打造一个你的专属马桶模型。你可能需要去趟五金店，购买一些管道。如果你想要掌握好马桶制作的精细工艺，这趟还是值得一去的。

- 空的塑料加仑装牛奶罐（请冲洗干净）
- 剪刀
- 大约长 90 毫米、直径 12 毫米的塑料管道
- 喷胶枪（可选）
- 可塑性黏土，例如培乐多（可选）
- 凡士林
- 2 个大号的置物台，用来放置你的抽水马桶（也可以用 2 个倒置的杯子或广口瓶代替）
- 大碗
- 食用色素
- 水

1. 剪掉牛奶罐的顶部，便于倒入自来水。

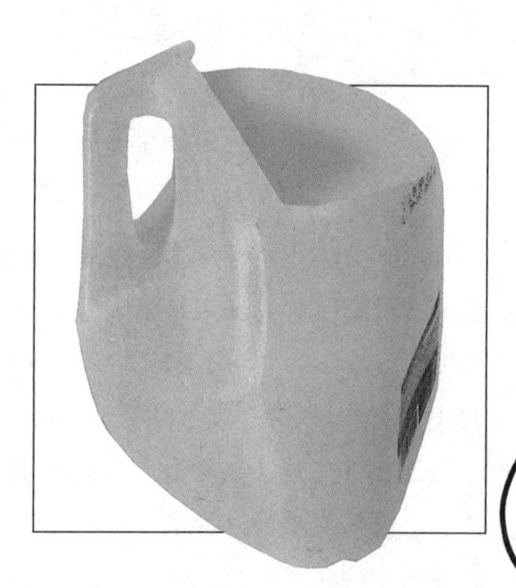

2. 在牛奶罐底部切出一个直径为 12 毫米的小洞。

3. 是时候给你的马桶做防漏处理了：使用强力胶带将管道的一端与牛奶罐底部的小洞连接起来。请秉持沉着冷静和一丝不苟的精神。你在这方面花费的时间越多，你的马桶发生泄漏的可能性就越小。为了使你的马桶拥有最佳的防漏性能，请找一位成年人帮你用喷胶枪将它密封起来。

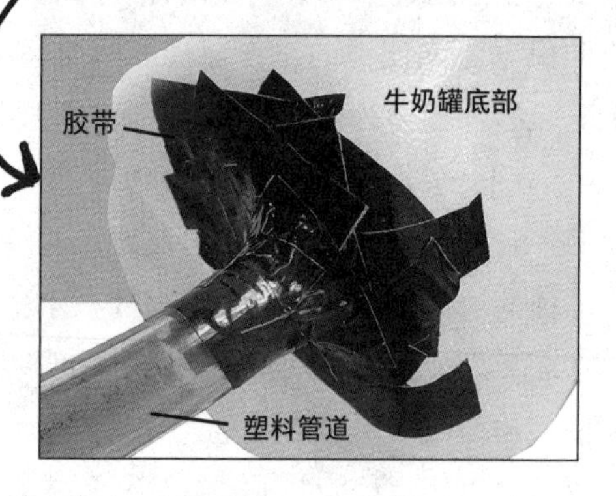

请在牛奶罐内侧与管道相连的位置粘上一些可塑性黏土和凡士林，这样也可以防止连接处发生泄漏。

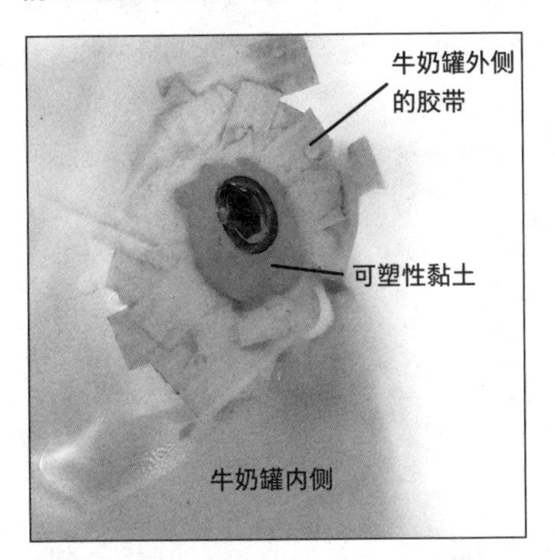

4. 将牛奶罐放在置物台上，将管道末端连接至大碗中。管道的安放位置十分重要，管道必须形成一个弯曲，弯曲要比牛奶罐底部高出 25 毫米。换句话说，当水最终排出罐子时，应该是先往下流，然后往上流，最后再往下流。

大碗将充当你马桶的排水系统。你可能会发现，用强力胶带将管道末端粘贴至大碗内侧可以有助于形成一个弯曲。你也可以不用大碗，直接将你的“马桶”连接至水槽中。

5. 在牛奶罐中加入几滴食用色素（食用色素可以使水位变得更明显），然后慢慢倒入一些水。一些水会排入管道中。继续往牛奶罐中倒水，直到管道中的水位几乎和弯曲等高。恭喜你：你的迷你马桶现在可以使用了！

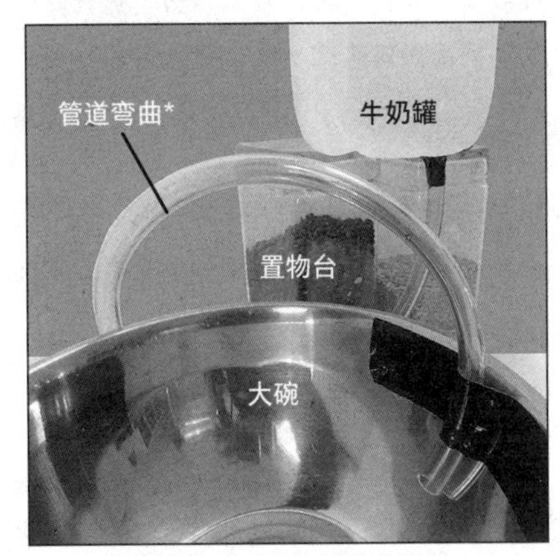

*请确保弯曲要略高于牛奶罐的底部！

6. 如果你继续慢慢往牛奶罐中倒一些水，牛奶罐中的水位会保持不变。你能弄明白为什么吗？这就是马桶管道系统的魔力。

7. 是时候多冲一些水了。这个马桶缺少安装在大碗上的水箱，而真正的马桶有。不过，你可以快速地往牛奶罐中倾倒几杯水。这样一来，你马桶中的水就会通过管道奔涌进大碗中！

刚刚发生了什么

当你往你的迷你马桶中倒入少量水时，牛奶罐中的水位会稍微上升，然后回到原来的水位。多余的液体会溢过管道高处的弯曲，然后排入大碗中。当你往牛奶罐中倾倒了更大量的水，完全超过了高处的弯曲，弯曲上游的水压变得高于弯曲下游的水压。压力差使水往上流，越过弯曲，然后往下流。你制作的简易马桶以及大多数美国人家中的马桶都是虹吸式马桶。虹吸管是一种控制水流的装置，不需要使用泵。

虹吸管非常了不起。虽然大部分的水都是往下流，但是一些水也会往上流。虹吸管会持续吸水，直到抽水马桶中的水分被全部排干，空气进入水管装置，虹吸过程结束。更重要的是，空气会制造出那种我们熟悉的，“咕噜咕噜”的马桶冲水声。很有意思吧！你的仿制马桶可能也会发出这种声音！马桶利用虹吸管冲走我们的排泄物。毕竟，比起用水桶和铁铲清空便壶，人们还是更愿意利用水压差！

蹲厕 对于生活在亚洲许多地区的人们来说，光屁股坐在别人刚刚坐过的地方被视为一件非常恶心的事！和抽水马桶一样，蹲厕也有可以冲走排泄物的自来水，但是不用坐着排便！

移动厕所 我们都见过那些一排排带独立门的，绿色或蓝色塑料的“小间”移动厕所，它们广受露天摇滚音乐会、游园会以及其他人群聚集活动的参与者的喜爱。糟糕的是，移动厕所非常不受鼻子的喜爱！当你在移动厕所（人们讽刺地将它称为“粪桶”）中“如厕”时，你的排泄物会落入一个充满化合物的水箱中。这些化学物质一边试图掩盖臭味，一边开始分解水箱内的排泄物。当游园会或音乐会结束后，人们会利用一个巨大的真空装置将难闻的污水从每个水箱中吸出来，然后装在一辆卡车中，运送到污水处理厂。人们会将移动厕所吊装到货车上拖走，接着，你所谓的“王座”会被擦洗、消毒、除臭，然后重新装满新鲜的蓝色黏性物消毒液，为下一次的活动做准备。

请先将双脚放在图示位置！然后蹲着排便。

如此多的撒尿方式!

猪舍厕所 在中国的部分农村地区，蹲厕曾设有一个直接连接至猪舍的斜槽。人们常说“比吃到粪便的猪还开心”，是有道理的——猪什么都吃，包括你的大便。

付费厕所 你正在户外观光，突然想上厕所了，怎么办？在投币口扔几个硬币，然后匆匆走进街角的这些付费厕所上厕所。在欧洲的一些城市，当你打开厕所门准备离开时，墙壁上的通风口就会喷出喷雾消毒剂给厕所消毒。所以，如果你在前一个人刚刚离开后进入厕所，那就准备好冲个化学清洁剂淋浴吧!

堆肥厕所 这种类型的厕所只需要少量的水，甚至完全不需要水。人类的排泄物会被转化成有用的堆肥。事实上，人们可以利用堆肥使植物长得更大更强壮。美国国家公园管理局在许多地方修建了堆肥厕所。

德国马桶 如果使用这种马桶，那么，当你的排泄物落入水中时，你听不到任何欢呼雀跃的粪便“扑通”落下的声音。当然，你的臀部也不会溅到肮脏的液体。德国马桶设有一个露出水面的桶板，你排出的粪便会落在桶板上。在水“嗖”的一声将你的排泄物从桶板冲进下水道之前，你最好检查一下你的排泄物，看它是否含有有趣的成分!

日本马桶 这也许是地球上最智能的马桶了。它的垫圈有加热功能，还能播放动听的音乐，来掩盖你上厕所时偶尔发出的不那么好听的声音。温水会喷射而出，冲洗干净你的臀部，紧接着，一阵轻柔的暖风负责吹干你的臀部。当你上完厕所后，马桶盖会合时宜地自动掉落下来。日本马桶唯一不能完成的工作就是帮你提裤子。

飞机上的厕所 飞机上的厕所运用了当前最先进的技术。当飞机在大约一万米的高空时，你不能用一满桶水冲走你的排

如果生活在荒无人烟的地方，谁还需要厕所呢?

泄物。于是，你需要另外一种方式吸走你的排泄物。飞机上的厕所利用了一个真空系统，类似你们家用来吸走泥土和室内尘埃的吸尘器，只不过飞机上的厕所吸走的是大小便。加入少许蓝色液体来给厕所消毒，这样，你就会拥有一个相当整洁干净的系统。在飞机降落前，排泄物被储藏在一个污水存储槽中。在飞机降落后，人们会使用货车将污水存储槽运送到污水处理厂中。

你可以将11月19日“世界厕所日”这个节日排到你的日程表中。这个节日是由联合国大会设立的，因为有一个可怕的事实：世界上几乎有25亿人使用不到安全干净的厕所。也就是说，全世界每三个人中就有一个。很可怕，对不对？当这些人想上厕所却没有干净的环境可去时，大量的病菌和疾病就会大范围传播。

你知不知道，我们正在浪费我们的排泄物？我们的粪便中含有一种非常有价值的物质——一种能够使土壤变得更肥沃更利于植物生长的物质。另外，在那些水资源匮乏的地区，尿液是可以被回收再利用的。为什么要让我们尿液中的水分白白冲走呢？让我们将那些东西好好利用起来，孩子们！

幸运的是，全世界的工程师们正致力于开发一些全新的设计来代替经典的白色王座（马桶）。有些新设计能够收集并处理我们的大小便，并将它们重复利用成可用的物质，例如，堆肥、能量和清洁水。谁知道呢？也许在不久的将来，你将可以喝到一杯清澈冰爽的循环尿液，直接产自你家的厕所处理中心！

所有这些关于马桶、冲洗和卫生纸的讨论都让我们想跳上一段“我想上厕所”的舞蹈。

下一页，我们将讨论的是尿液（也称为“小便”）。在你继续往下阅读之前，你也许应该先去上个厕所！

尿液

你想要嘘嘘吗？事实上，那股我们每隔几个小时就需要排到马桶里的黄色暖流可是超级炫酷的。让我们一起来了解一下尿液的成分和用途吧，相信你一定会惊叹不已！

在某些水资源十分匮乏的地区，你可能会在洗手间看见一个这样的标语：在这片充满乐趣和阳光的土地上，我们不会冲走我们的小便。以科学的名义，你也可以试着这样做。只要我们所有人在撒尿时（请不要不小心排出大便），记得尿完后先不要冲水，每次用完后将马桶盖盖好。大概三四次排尿后，揭开马桶盖好好闻一闻！啊！尿液有一种非常独特的气味。其中一些气味来自尿素分解后释放出的氨气；一些气味来自在马桶中不断繁殖的细菌。无论你生活在何处，节约用水都是一个值得倡导的好习惯。请你的家人也一起参与吧！比如说，几个人一起去小便，这样就可以只冲一次水！

比利时人对于他们建造于1619年的雕像感到非常自豪——著名的“尿尿小童”的雕像喷泉。

尿液（小便的官方学名），是你肾脏辛勤工作的最终产物。肾脏是成对的蚕豆状器官。成年人的每个肾脏大约长10厘米，重140克，分别位于身体的左右两侧，肺部的下方，紧贴着背部肌肉。你可以把它们想象成你身体血液的“微型洗衣机”。还记得你是如何过滤泥土中的污水的吗？水进去前是脏的，出来后是干净的。你的肾脏也做着同样的工作，不停地过滤着流经你身体的约 5.6 升的血液，周而复始，日复一日。

你不知道的肾脏！

血液负责将各种各样的营养成分运送至你身体的细胞里。细胞们负责分解那些营养成分，然后利用那些分解后的颗粒来履行它们各自的职责。然后，细胞会将产生的代谢物释放回血液中。血液快速流经肾脏，肾脏会将你身体不需要或不想要的任何代谢物排出体外。如果没有肾脏，垃圾和毒素将会在你的血液中不断积累，你的血液就会变成一个堆满垃圾的垃圾桶。

每天，大约有 190 升的血液会流经被称为“活力二人组”的肾脏。190 升血液是个什么概念呢？你可以想象一下，50 桶 3.75 升装的牛奶或者装满液体的小号浴缸！说到浴缸，你知道你泡完澡后的洗澡水是什么样子的吗？或许你可以留意一下，泡完澡后，肥皂、污垢、死皮等组成的浅灰色沉淀物随着洗澡水一起被排入浴缸下水道的场景。同样的，你的血液被清洗过后产生的代谢物也会通过一条“下水道”排出体外——你身体的排尿器官。

尿液能不能制成治疗水母蜇伤的有效解毒剂呢？呵呵！尿液的酸碱值和水差不多，所以，在水母蜇伤处撒尿是没有用的。最好的办法是将醋（醋呈酸性）和纯净水混合起来，倒在伤口上，然后进行冰敷。

一路向下！

尿液在肾脏中生成后，又去了哪里呢？我们体内有两条狭长的管道（通常被称为“输尿管”），它会将肾脏中的尿液输送到一个富有弹性的肌肉袋子——膀胱。当膀胱中的尿液不断增多，膀胱内压力就会不断增大，然后开始压迫部分神经末梢，于是，你就有了想要冲向洗手间的感觉。一旦你安全地坐在了马桶上（我们希望如此），你的膀胱肌肉就会收缩，接着，你的尿液就会顺着另外一条叫作“尿道”的管道一路向下，排出体外。

令人毛骨悚然的

科学

很多人都渴望得到黄金，但黄金储量却没有那么多。事实上，黄金过去（现在仍然）非常匮乏。早在17世纪的欧洲，淘金热就达到了高潮。结果，一群人夜以继日地设法从各种各样的金属矿石中提炼黄金。这群人被称为“炼金师”。在整个欧洲，炼金师们疯狂地搅拌和蒸煮各种各样奇怪的原材料。他们想出了很多高明的主意，其中一个是：黄金是黄色的，尿液也是黄色的。如果我在尿液中加一点这种物质再加一点那种物质……不久，尿液变成了每个炼金师都梦寐以求的原材料。

接下来，让我们回到1669年的德国汉堡。这是一个漆黑的夜晚，有一位名叫亨尼希·布兰德的炼金师，他潮湿的工作室里发生了一件非常诡异的事情。布兰德收集了约550升（是的，升！）的尿液，然后放入一个特殊的球状玻璃器皿中，加热，最后熬成了一种非常黏稠的液体浆。然后，他将尿液浆与沙子混合起来。接下来，用温度极高的热量再次加热。于是，发生了一种化学反应，布兰德的器皿开始在黑暗中闪闪发光。这是液态黄金吗，也许吧？

原来，他发现了一种新的化学元素——磷。磷虽然不是黄金，但是也非常有价值。现在，我们将磷（去除尿液后）涂抹在火柴头上。这样，当火柴头划过粗糙表面时，会一下子燃烧起来。磷还可以应用于LED照明。难以想象，让我们发现磷的居然是约550升沸腾的尿液！

烧瓶里面是什么？大胆地猜一下！

如果尿液完全是由血液中的废弃物和水组成的，那么，尿液为什么会看起来像黄色的水流呢？好吧，尿液中不含任何红细胞，因此尿液不是红色的。（如果你的尿液中有“潜血”现象，请立即去看医生！）事实上，尿液的主要成分是水，它含量超过95%。你每天会饮入大量的水，一部分被你的身体吸收，另一部分则会和废弃物混合在一起形成了尿液。你饮入的水越多，你上厕所的频率也就越高。儿童平均每天

对一条想要尿尿的狗来说，任何地方都是好地方！

需要小便六次，你是否符合标准呢？在接下来的一两天里，请记录你每天的饮水量和排尿量，看你是否符合标准。

你的肾脏不但能净化你的血液，而且还能维持你身体的水平衡。根据你尿液的颜色，你能够判断出你是否饮用了足够的水。如果你的尿液是浅黄色的，说明你的身体拥有足够的水分！如果你的尿液是深黄色的，这意味着你需要饮用更多的水——你的肾脏抑制了尿液中水的比例，因为你的体内水分不足。（有时，你早上的第一泡尿的颜色会比较深，这是因为你睡觉的几个小时没喝水。）

除了水，你的尿液中还含有大量其他有趣的物质，包括盐、蛋白质、荷尔蒙以及少量的细菌，其中含量最高的成分是一种叫作“尿素”的物质。尿素是一种非常有用的微小物质。你可以将每滴尿液想象成一个极小的垃圾桶，垃圾桶中装满了你体内排出的陈旧、废弃的氮，并被倾倒在了厕所。

食用含有氮的食物有点像在你的体内施肥。氮能帮助我们锻炼肌肉，长出毛发和指甲，但我们也不需要太多的氮。富含蛋白质的食物（例如肉类和奶酪）中就含有大量的氮。一个体重约 45 千克的儿童只需要约 35 克的蛋白质——相当于一块曲奇的重量——就能满足一天的氮需求。我们大多数人每天吃进去的蛋白质都是远远超过需求的，所以你的身体（准确来说，就是你的肝脏）会分解蛋白质，吸收所有多余的氮，并将氮和其他元素（例如氢、碳和氧）结合起来形成尿液。然后，肾脏会过滤掉血液中的尿素。很快地，我们就该撒尿了。

价值连城的尿液！

你是不是认为尿液只是一种人体排泄物？其实在过去，生活在英国和法国的人们会用尿液轻拍脸部来消灭讨厌的青春痘。面包师曾经还尝试过加入尿液使面包更蓬松。另外，古罗马的间谍们曾使用尿液来书写密信。当写有密信的物品被加热后，文字就会显现出来。目前，人们正考虑在干燥地区重复利用尿液中的水分，或者将尿液用作一种天然的花园肥料。

尿液中的尿素也有非常高的应用价值。

许多公司需要制造大量的尿素来参与生产（不过，这些尿素并不是来源于人类的尿液……他们只是复制了尿素的化学成分）。以下就是尿素的部分应用领域！

肥料 想要种植出更多叶子的生菜或更加多汁的苹果吗？在你的地里撒上一些尿素，然后观察作物的生长过程。

炸药 一些炸药的制作需要用到尿素。

汽车引擎 如果我们将尿素混合进柴油中，汽车引擎排放的污染就会大量减少。

美容产品 许多保湿乳和一些沐浴精油中都含有尿素成分。含尿素的泡泡浴能够使你的皮肤更加细腻！

椒盐脆饼干 谁想要来点乳白色的椒盐脆饼干？一些制造商会在椒盐脆饼干中加入微量尿素成分，使饼干变成人们常见的漂亮的深棕色。

动物饲料 农户会在牛饲料中撒入一些尿素，从而加快小牛犊的生长过程。

胶合板 是什么将那些零散的木头碎屑黏合在一起的？没错！你猜对了——是尿素制成的胶水。

在动物的世界里，尿液可以被用来调节温度，用作情书，甚至用作某种散发着恶臭的全球定位系统。下面，我们来介绍几位尿尿大师！

这只骆驼深知保持身体水分的重要性！

感觉很热？ 骆驼能够在短短的13分钟内饮入100升的水。和你不同的是，骆驼喝下大量的水后并不会马上就开始将水转化成尿液。骆驼的身体会使那些水分反复流经身体各处，同时，它的肾脏和肠道会像海绵一样将水分保留下来。至于驼峰，里面是脂肪，不是水！骆驼终于要撒尿了，它的尿液是一种浓稠的浆，其含盐量是海水的两倍。骆驼还会将尿液弄得满腿都是，这样可以保持身体的凉爽。在温度高达50摄氏度的沙漠中，这是一种非常有用的技能！

飞越彩虹

- 芦笋
- 甜菜
- 黑莓
- 蚕豆
- 大黄
- 多种维生素（如果你家人允许的话）

你知道吗？你可以通过摄入特定食物改变你尿液的味道或颜色。让我们来见证一下，当你摄入这些有趣的食物后，你的尿液会发生什么样的变化。

1. 每天摄入这些食物中的一种（在确保你正常饮食的情况下）。

2. 在接下来的几个小时到一天里，注意你尿液的气味或颜色。它的气味是不是发生了变化？颜色变了吗？

3. 第二天，试试另外一种食物，并记录尿液的情况。

4. 享受通过改变摄入的食物而改变尿液颜色或气味的过程吧！

芦笋尿赋予了“难闻”这个词一个新的境界！

刚刚发生了什么

当你食用芦笋后，你的尿液很可能更臭了。这是为什么呢？其实芦笋本身是没有臭味的，它闻起来就是一种普通的蔬菜。然而，芦笋那些细长的绿色嫩茎在你的体内会被分解成一种含硫的化合物——正是这种特质使我们放出的屁有异味，也使臭鼬臭气熏天。这种气味还有一个有意思的地方，那就是不是每个人都能闻得到。一些幸运的家伙长着检测不到这种臭味的鼻子；然而我们大多数人还是能够闻见这种令人作呕的气味！

尿液是不是都是黄色的？不是的！许多食物能够改变你尿液的颜色。甜菜能够使尿液略带红色；黑莓能够将尿液染成粉色；如果你服用大量的维生素 B，你就能撒出荧光黄色的尿液。另外，如果服用了某种治疗疟疾（一种蚊子传播的可怕疾病）的药物，尿液就会变成绿色。如果你想要尿出深棕色甚至黑色的尿液，可以尝试吃一些蚕豆或大黄。需要注意的是，就算食用上面这些食物你的尿液也不一定会变色。尿液是否能够改变颜色还取决于你胃液的酸度以及你食用的其他食物。换句话说，实验条件必须完全符合才能达到实验目的，否则你就只能接受这无聊的时光和日复一日的黄色尿液。

我的树——这只猎豹正在用一泡尿标示它的领地！

待在户外！ 猫科动物的尿是世界上最臭的尿之一——特别是成年的雄性猫科动物。它们能够分泌出一种叫作“猫尿氨酸”的化学物质，这种物质也含有硫的臭味。猫尿是一种非常方便的标示领地的方式——我的街道！我的房子！狗也非常擅长利用尿液来标示领地。想象一下，如果你没有在你的数学笔记本上写名字，而是在上面尿尿来防止别人拿走它！太恶心了！但是，转念一想，这种方法很可能奏效。你愿意触碰别人用尿保护起来的东西吗？

情书 当公山羊想要求偶时，它们不会送花。它们会将自己的尿液弄得全身都是，母山羊会因为这个味道狂热着迷。它们不是唯一拥有奇特求偶方式的动物。雄性豪猪会将臭烘烘的尿液射向四面八方，当它理想的雌性豪猪快步经过时，它就会用撒对方一身尿的方式来表示它的爱慕之情！啊，甜蜜却散发着恶臭的爱。

雄性长颈鹿在将一只雌性长颈鹿确定为伴侣之前会先尝一尝它的尿液。

课外活动

你是验尿医生！

如果你从来没有在看病时朝杯子中撒过尿，那么，你就有一些值得期待的事情了！事实上，通过分析排出体外的尿液，医生能够推断出你身体的基本状况。这次活动中，你需要测试一些仿制尿液的化学成分，正如医生办公室中的实验研究员所从事的工作。

- 一位成年人（本活动要用到开水）
- 4 只透明的塑料杯或玻璃杯
- 温水
- 黄色食用色素
- 盐
- 量勺
- 糖
- 3 个搅拌勺
- 门窗清洗剂
- 鸡蛋
- 2 口烹饪锅

1. 首先，需要几份尿液样本。不用脱裤子，你只需要仿制几份尿液样本即可。取 4 个杯子，分别倒入温热的自来水。然后，在所有杯子中加入少许盐（尿液是咸的）和一两滴黄色食用色素，搅拌一下，使杯子中的液体看起来像真的尿液。

2. 在其中一个杯子中加入一茶匙的糖，搅拌。然后请你的助手（可以是亲切的家长）将 4 个杯子重新排列顺序。这样你就不再知道哪只杯子中放了糖，但是你的助手知道。你能用鼻子嗅出那只放了糖的杯子吗？接下来，尝一小口每个杯子中的液体。（放心，这不是真的尿液！）关于哪只杯子中含糖，你得到一个新的结论了吗？猜对后，请将含糖的这杯水倒进下水道。

3. 现在，请发誓：在接下来的实验过程中，绝对不再喝仿制尿液。另取一个勺子，在剩下的盐水中选择一个，倒入 1/2 勺的门窗清洗剂，搅拌均匀。再次请你的助手将杯子重新排列顺序，然后用鼻子依次闻杯子中的液体。你能嗅出那只放了清洗剂的杯子吗？请记住：不可以再像上一次那样进行尝味实验了！现在，请将含清洗剂的这杯水也倒进下水道。

4. 取一个碗，在碗上小心翼翼地将鸡蛋敲开一个口子，然后将蛋清和蛋黄分离开

来。在剩下的两个杯子中选择一个杯子，加入大约1勺的蛋清，用一个干净的勺子搅拌均匀。然后再次请你的助手调整杯子的顺序，你能辨认出那只含有蛋清的杯子吗?

5. 将两杯仿制尿液分别倒入烹饪锅中，请你的助手帮助你将每口锅中的液体煮沸，让每口锅大约煮5分钟。含蛋清的仿制尿液发生了什么变化?

刚刚发生了什么

数千年以前，就存在通过研究患者的尿液来诊断病情的方法，它最初被称为“验尿”。是的，一些医治者真的会通过尝尿液样本来进行研究。幸运的是，现在已经找到了很多检验尿液的新方法，人们再也不需要将舌头伸进样本中了！那么，在21世纪的今天，医生们进行尿液分析时可能会发现什么呢?

葡萄糖属于糖类，是人体所需能量的重要来源。但是，尿液中不应该含有葡萄糖。闻起来有甜味的尿液可能预示着一个人患有糖尿病。糖尿病是一种身体状况，当患者体内的葡萄糖含量不正常时，多余的葡萄糖就会出现在尿液中。护士和实验研究人员可以通过含有化学物质的试纸来检测尿液，而不再依靠鼻子和舌头。如果尿液中含有葡萄糖，试纸就会变颜色。下次你去看医生的时候可以让医生演示给你看看!

尿液闻起来有氨气的味道是有许多原因的。(在本实验中，我们用门窗清洗剂代表氨气。)通常来说，这意味着你的尿液中含有大量的尿素，尿素分解产生了氨气。也许你刚刚食用了大量蛋白质，刺激了你的身体生成大量尿素。也许你没有饮用足够的水，导致了你尿液中的尿素比例比平时高(也更臭)。

你的尿液中通常还含有一些蛋白质。含有蛋清的样本代表了蛋白质含量过高的尿液。因为蛋清中也含有大量蛋白质，这些蛋白质在室温下是透明的，但是高温会改变它们的形态，并使之变成白色。

好了，仿制尿液的测试就到此结束吧!

战争的武器 对龙虾来说，没有什么会比一泡尿更能平息一场战斗了。龙虾的眼睛下方长着一对能够喷射尿液的“喷嘴”——触角腺孔。雄性龙虾最好斗，它们经常会对着另一只雄性龙虾的面部喷射尿液。这是因为，它们尿液中含有能够警示其他龙虾后退的信息素。

我在哪儿? 对于一些啮齿动物来说，尿液的踪迹能够充当一张准确的地图。智利鼠生活在南美洲，它们的尿液能够反射紫外线，而紫外线对它们来说是可见的。所以，毫不夸张地说，它们尿液的踪迹在它们眼中是闪闪发光的。它们总是能够准确找到回家的路!

在西方国家，牛奶是常见的早餐饮品。但是，牛奶并不是奶牛产出的唯一饮品——至少在印度不是。印度人非常喜爱、崇拜并敬畏奶牛，奶牛在印度被尊为“圣牛”。一些印度人至今还保留着饮用牛尿的传统，他们认为饮用新鲜的牛尿是有益健康的。于是，一种大型的印度教文化团体发明了一个令人敬畏的产品——Gau Jal（意思是“牛圣水”)。“牛圣水”比“牛尿”要好听一些。生产这款“提神”饮品的公司希望人们不要再喝可口可乐或百事可乐了，他们由衷地希望你也能来一瓶“牛圣水”。

印度人觉得，在快速提神方面，世界上没有什么东西能比得上牛尿了。

假如你是国际空间站上的一名宇航员，某天半夜你突然惊醒，想要去尿尿。那么，现在有一个非常大的问题摆在你眼前。在你小便之前，你首先需要飘浮到马桶旁，将你的腿和臀部用专门的束带固定起来，这样才能确保你排便时能停在原处。另外，你还需要找到你专属的小便漏斗，因为你肯定不想使用别人的。然后，你还需要找到用来将漏斗和尿管连接起来的软管接头，这样你的尿液才能通过尿管流进污水池中。由此可见，如果你正在绕地球飞行，上厕所肯定是一件非常复杂的事！

很多太空任务历时非常长。未来我们还会探测离地球更远的星球，这些太空任务可能需要花费数年甚至更久的时间。宇航员们如何才能获得充足的水，以保证自己的身体在如此漫长的时间里不至于脱水呢？即使是今天，在遥远的国际空间站上，水也是比黄金还要珍贵的存在，每滴水都需要被回收再利用——宇航员们会从空间站内部的空气中收集汗液和呼出的蒸汽进行循环利用。长时间的太空任务需要的水量非常巨大，因此宇航员的尿液也会被收集、储存，然后通过一个过滤系统净化成可以放心饮用的水。你可能会说，“咦，好恶心！”但是，在你“想吐”之前，请弄清楚一点：空间站上回收再利用的饮用水可能要比地球上许多人饮用的水还干净呢！

综上所述，排出体外的尿液无疑是非常了不起的物质。糟糕的是，它通常被水冲走了！那你还知道哪些利用尿液的案例吗？四个十几岁的尼日利亚女孩偶然读到了一位美国工程师的著作，书中提到了通过提取尿液中的氢，将尿液转化成电能的设想。多么不可思议，尿液也能发电！于是，这些聪明的小发明家们进一步完善了该原理：她们设计了一台尿液发电机，能够将一升尿液生产出六个小时的电力。这是不是正如一份报纸所描述的，是“将要改变世界的突破”呢？世界会告诉你答案，这是一项有待考证的发明！

是时候冲水了！接下来，我们要介绍一些体型微小的，能使你生病的捣蛋鬼——病毒！

邪恶的病毒

一个流着黏糊糊的绿色鼻涕的鼻子与一只满嘴泡沫、眼神古怪的浣熊之间有什么相似之处呢？一种以“咯咯”叫的鸡命名的疾病与流感又有什么关联呢？它们都是由一种微小的痛苦飞弹——病毒——引起的。

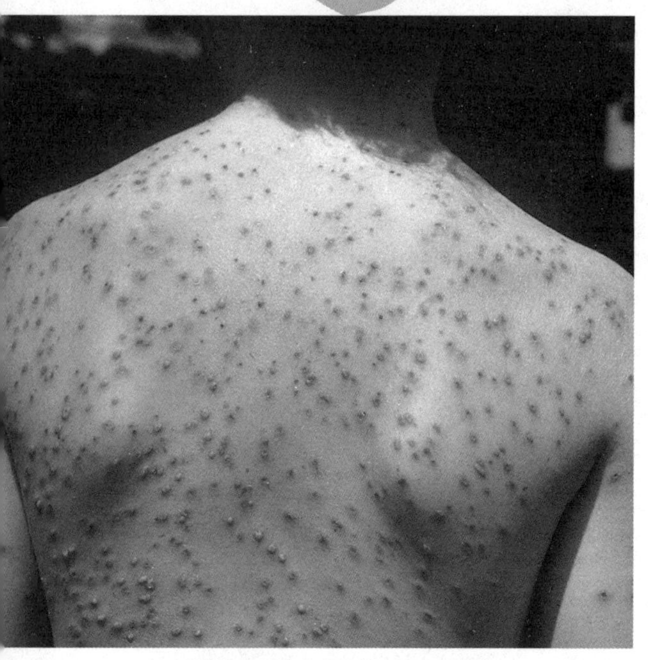

一例非常严重的水痘病情，千万不要抓！

病毒和细菌都非常微小，不过病毒比细菌还要小得多。其实病毒的结构非常简单，只不过是包裹着外壳的遗传物质，有点类似包裹着糖衣的巧克力豆，巧克力代表了内部的遗传物质。人们甚至不把它们视为真正的生命体，因为它们无法进行自我复制，而是需要依靠生命体的细胞才能进行复制。（尽管如此，病毒也不属于非生命体。让人有点捉摸不透，对吧？）

细菌属于活细胞，其结构比病毒更为复杂。它们可以在没有任何帮助的情况下进行自我复制。

病毒和细菌均能导致你生病。病毒可以挟持健康的细胞，并利用它们复制出更多的病毒，这样通常会杀死很多的细胞。细菌也能杀死细胞，并释放出可怕的毒素。一般情况下，抗生素能够杀死细菌，但对病毒不起任何作用，病毒需要用到抗病毒药物才有疗效。

你知道吗？许多病毒和细菌对人类都是有益的。虽然到目前为止，我们对益生菌的了解要远远多于对有益病毒的了解。关于病毒，还有很多值得我们探索的地方！其中一个例子比如说，有一种名叫“噬菌体”的有益病毒，它可以生活在我们的黏液中，能够攻击并杀死那些试图感染我们的卑鄙无耻的口腔细菌！所以，下次你在挖鼻屎时，记得感谢你鼻屎中的所有那些善良的噬菌体。

糟糕！身上冒出了许多红色的小斑疹！它们越长越多，越长越大！现在，红色小斑疹变成了小水疱，水疱的上面覆盖着露珠状液体。这些小水疱中可能充满了脓，并在不久的将来给你留下深深的痘印。长出这种水疱的疾病叫作“水痘”。你可以把这些小小的隆起物想象成一个个疾病引起的“纸杯蛋糕”。但是，千万不要去舔蛋糕上的“糖霜”，因为它充满了无数微小的外来入侵者——水痘病毒。

病毒不属于生命体。它无法呼吸，不用进食，也无法长高或增重，甚至不能在没有帮助的情况下进行自我复制（制造更多的自己）！为了复制，病毒必须找到一个宿主，也许就是你体内的一个细胞。一旦它在宿主细胞中安置了一个舒适的家，它就会开始复制出数量极为庞大的新病毒。你可以回忆一下复印机的使用流程：你在复印机的玻璃板上放置一张外星怪物的画像，选择5000张，然后按下启动键。很快，你就可以复印出5000张一模一样的画像。现在，想象一下你的体内有一个类似微型复印机的细胞。病毒偷偷溜进了这个健康的细胞，启动“复印机”，很快，它开始复制无数个自己。最终，这个细胞会因为里面的病毒实在太多了而崩裂（这个过程叫作“细胞溶解”），病毒喷涌而出，又会去感染其他细胞。

那么，这场病毒的“恐怖统治”是如何终结的呢？你的体内拥有一支一流的警察队伍——白细胞！它们时刻密切注意着那些坏家伙，摧毁并吞噬病毒。虽然病毒杀死了一些细胞，但是，你的体内还拥有大约30万亿个细胞，消耗几亿也不会有太大的问题。此外，那些死去或受伤的细胞也会不断地被新的健康细胞所代替。偶尔输掉几场战役也没关系，我相信你肯定会赢得这场病毒大战的最终胜利。

旋律简单的曲调容易记忆，也很好玩，但容易传染的疾病就不好玩了。病毒会通过各种各样邪恶的方式四处传播。它们能够在打喷嚏或咳嗽时喷射的飞沫中搭上一程（水痘就是通过这种方式传播的——此外，该疾病还能通过接触水痘中的液体传播）。病毒还能通过相互传递的球或借来的书在人群中传播（所以，玩过其他孩子的玩具后，以及在打喷嚏、咳嗽、擤鼻涕或抠鼻屎后，特别是上完大小便后，请记得洗净你的小爪子）。此外，你还要特别留意亲切的伊迪丝阿姨在流着鼻涕时亲在你额

追踪流感病毒

可怕的病毒正在四处蔓延？还是让科学来拯救你吧！事实上，有些人会为了科学自愿患上感冒（他们经常还能因此获得一笔钱），以供科学家们进行病毒研究，比如研究病毒的传播方式等。当然，在这次活动中，你并不需要像他们一样打喷嚏，你只需要用纸杯代替人来建立一个“微型社区”，然后观察那些可怕的“白醋病毒”是如何在你的“社区”中传播。相信我，这个实验并不危险，甚至还很好玩！

- 16 个相同的杯子（可以是纸杯、玻璃杯或塑料杯，但它们必须是一模一样的）
- 钢笔或铅笔
- 不透光胶带（可选）
- 实验助理
- 白醋
- 水
- 勺子
- 小苏打

1. 每个杯子将代表一个人。请花上几分钟时间，为每个杯子各取一个有特色的名字，然后将各自的名字写在杯子的底部。当杯口朝上时，它们的名字应该是不可见的。如果你的杯子是透明的，请在杯子的底部贴上一张不透光的胶带，然后将各自的名字写在胶带上。如果你以真人（自己、朋友和家人）或者你最爱的书籍或电影角色来给它们命名，实验可能会更好玩。请确保你无法辨认出这是谁的杯子，除非将杯子拿起来查看写在底部的名字。

2. 接下来，离开房间一段时间。在你离开期间，你的实验助手应该在其中一个杯子中倒入一些白醋（略少于半杯），并记住该杯子的名字。然后，剩下的杯子中全部倒入同等的清水（都是略少于半杯）。装清水的15个杯子代表健康的人群；装醋的杯子代表一位流感患者（这位患者尚未显示出流感症状）。这16个杯子一起代表杯村的全体居民。你的实验助手不可以将流感病毒携带者，即“首例病例”（装了醋的杯子）告诉你。（首例病例是一个医学术语，用来表示一个社区中首个感染某种疾病的病人。）

3. 在你返回房间前，你的实验助理必须随意地将杯子成对地相邻排列。杯村是一个非常友好的城镇，每位村民都有自己的好朋友。当所有杯子排列完毕后，你就可以返回实验现场了。

4. 既然你已经返回了房间，你的任务就是确保杯村的每位村民都彼此保持亲密接触。杯子们相互握手！杯子们紧靠着别的杯子们打喷嚏！杯子们一起打篮球！由于杯村的村民没有可以彼此紧握的双手，也没有打喷嚏的鼻子，你可以用不同的方式模拟这些会面。选出两个杯子作为一组，将第一个杯子中的液体全部倒入第二个杯子中，第二个杯子差不多变满。然后再将第二个杯子中的水倒一半到第一个杯子中。

5. 针对剩下的八组杯子重复上述实验步骤。一次只混合一组杯子，一组的两个杯子互换了完成后，将这两个杯子置于一边，然后进行下一组杯子。在上述步骤中，感染了“白醋流感病毒”的人已经将病毒传染给了另一个人。

6. 请你的实验助理看向房间外或离开房间。接下来，将杯子打乱顺序重新排列。这样，你和你的助理都不知道哪位杯村村民可能“感染”了白醋病毒。

7. 杯村的居民仍然处在狂欢的气氛中。它们喜欢和自己的好朋友一起出去闲逛。让你的实验助理重新将杯子成对排列。

8. 现在，重复实验步骤 4，混合每组杯子的液体，让每组杯子互相“握手”。

9. 杯村的村民都非常健谈。你看向房间外，你的实验助手将杯子打乱顺序重新排列，给杯子分组，然后混合杯子中的液体。这是它们的第三次会面。

10. 流感通常会有一些症状——流鼻涕、疼痛、寒战……你的杯村村民现在有显示出任何流感症状了吗？接下来，你可以检测一下哪些杯子受到了感染。你一边手握杯子置于水槽上方，一边在杯子中加入一茶匙的小苏打。如果杯子中发出嘶嘶声并冒出了小泡泡（当小苏打和醋混合在一起时，就会释放出二氧化碳），那么这位杯村村民已经感染了白醋流感病毒；如果小苏打直接沉到了杯底，那么这位杯村村民是健康的。针对剩下的杯子，重复上述实验步骤。有多少位杯村村民患上了流感呢？

11. 请你的助理告诉你“首例病例”的名字，然后查看杯子底部的名字，找到这位患者。

刚刚发生了什么

当你得知受感染的杯村村民的人数后，你感到吃惊吗？在我们的实验中，杯村村民分组进行了三次“握手”。仅仅这几次的交流和一位病毒携带者就可能造成杯村的一半居民感染病毒！幸运的是，后面几次与流感患者交往的也有可能是之前已受到感染的人，所以杯村流感患者的人数少于 8 位的可能性还是很大的。

在现实世界中，人们习惯日复一日地和同样的人在同一个地方闲逛（例如在学校或工作单位）。这就意味着他们很可能相互传染，不过这也意味着病毒不会快速地感染地球上的每个人。就算被病毒携带者传染了，你也不会每次都患上感冒或流感，因为你身体的免疫系统也能够杀死一部分的病毒入侵者。另外，养成勤洗手等良好卫生习惯（你能做到经常洗手，对吗？）并且不舔门把手（请告诉我们你绝对不会舔门把手！），也能帮助你预防疾病。人们时刻都会受到病毒的侵袭，值得庆幸的是，即使患上了疾病，大多数人都能慢慢转好，这是一件不容忽视的事情！

头的那个纯真的吻。人类一旦感染了病毒，就很难阻止病毒劫持体内的细胞并复制出无数个病毒了。一些病毒真的很烦人，例如那些引起普通感冒的病毒。我们是不是都会受到这些病毒的感染？此外，还有许多其他病毒也同样是“冷血杀手”。

水痘是一个邪恶的病毒家族，其中一个穷凶极恶之徒是天花。天花对人体造成的影响没有一个是小的。在过去，天花病毒就像是一个寒冷彻骨的诅咒。最初，患者会感觉身体略有不适和轻微疼痛。然后，脸上、胳膊上、手上，乃至整个身体都会冒出红色疹子——这些红疹接着变成可怕的脓疱。如果患者走运的话，脓疱会慢慢结痂，然后脱落，留下深深的痘印。而那些没那么走运的人，他们在地球上的一生就到此为止了。数千年来，人类唯一能做的事就是希望自己能够在水痘袭击中幸存下来。1900 年到 1977 年间（1977 年，人类终于公开宣布攻克了天花病毒），超过 3 亿人死于天花，还有 6 亿人受到了感染，他们中的许多人留下了终身难以褪去的疤痕（事实上，人们在古埃及的木乃伊上就发现了疑似天花的疤痕）。如果早在公元前 1 万年，地球上就出现了天花，那么，你就知道水痘能够对人类带来多大的灾难。难怪水痘又被称为“斑点巨兽”！

直到 1796 年，人类才发明了第一种天花疫苗——事实上，这也是有史以来第一种疫苗。但是很久以前，人们就已经开始致力于思考攻克天花的方法。他们注意到一件事，那就是如果你有幸从天花感染中幸存下来，就会获得免疫力，再也不会被天花病毒感染。于是人们猜测，“有没有一种方法，可以使人们患上良性不致命的天花呢？”你有没有试过深吸一口气，闻一闻芬芳的鲜花？人们想到了一个可以免受恶性水痘感染的办法——先找到一位从良性天花感染中幸存下来的患者，从他的身上取一些天花痂皮，弄干并制作成粉末，然后未感染过天花的人像闻花香一样对着它深呼吸。人们发现，那些吸入痘粉的孩子会如期患上良性的天花，然后就对天花终生免疫了。

到了 18 世纪末期，人们找到一个免疫天花的最好方法——先用一根天花袭击总好过患上一种全面爆发的且可能致命的恶性天花。在接下来的数百年间，这是预防天花感染的最佳方式。

病毒到底长什么样子呢？有些病毒看起来非常像高尔夫球，还有一些病毒看起来像科幻小说中的宇宙飞船！但是，它们的体型都非常微小。相比之下，你简直就是庞然大物。你的体内含有数以万亿计的细胞，它们非常微小，只能在显微镜下才能看见。但是，如果你体内的一个健康细胞的大小等于你最爱的足球明星，那么一个细菌的大小就相当于一个足球，而一个天花病毒（这是一种较大的病毒）的大小就相当于一节五号电池。一个脊髓灰质炎病毒（这是一种“较小”的病毒，但是其危害性不亚于较大的病毒）的大小就相当于一粒阿司匹林！好好想想吧！足球明星与阿司匹林的对比，就是你体内的细胞和病毒在尺寸上的差异。

让我们进行一次时空之旅，回到18世纪中期的英格兰。年仅八岁的爱德华·詹纳有一天忽然感到身体不适，因为他的胳膊上冒出了许多的天花红疹。紧接着，他感到浑身无力，但很快就康复了。幸好这是一次良性的天花病毒感染，并且从这时开始他已经对天花病毒免疫了！詹纳13岁时，开始给一位外科医生当学徒。之后的

爱德华·詹纳想到了一个绝妙的好主意，从而成功发现了天花疫苗。

锐利的针刺破一个良性的天花脓疱，然后将沾有天花脓液的针头刺入一个健康人的皮肤中或者是在皮肤上弄出一些划痕。刺入天花脓液的人通常也会患上这种良性天花。这个过程被称为“接种”，实验证明它拥有非常显著的疗效。当然，这种方法也存在一定的风险，他们有可能会因此丧命，或引发一场传染病。但是，一次小规模的

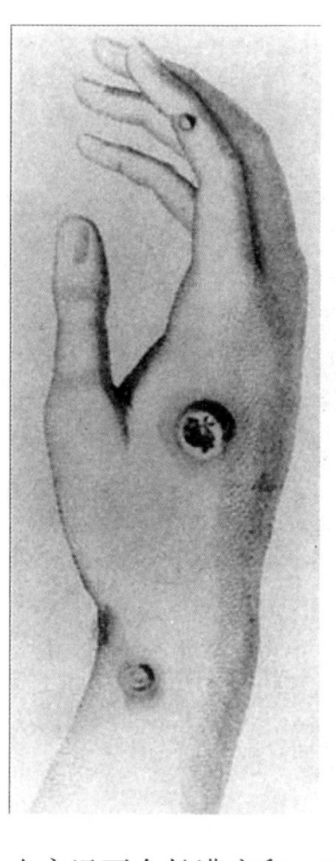

牛痘看起来丑陋不堪，但是却能拯救生命！在阻止人们患上更危险的天花上，它发挥着关键性作用。

许多年，他一直在家乡行医。一次偶然的机会，他听到一位挤奶女工炫耀说，“我患过牛痘，所以再也不会患天花了。我的脸也永远不会长满痘印、丑陋不堪了。”嗯，挺有意思的说法。

受此启发，詹纳有了一个想法：牛痘远没有天花那么危险，如果我给一个人注射一点牛痘，那么他是不是就再也不会患天花了？比起皮肤上长满天花脓疱，这似乎安全多了。1796 年 5 月，詹纳认识了一位名叫萨拉·尼尔美斯的挤奶少女，她的手上和胳膊上正好有刚刚冒出的牛痘水疱。几天后，他从少女的水痘上取了一点脓液，然后把脓液注射到了一个名叫詹姆斯·菲利普斯的八岁男孩的胳膊上。男孩出现了轻度的发烧症状，还有点打寒战，但很快就康复了。两个月后，詹纳用一个注入天花脓液的注射器再次给男孩进行注射——人们不禁要问，詹姆斯的父母对此会做何感想？又或者，詹姆斯自己对此做何感想？——幸运的是，那个男孩安然无恙，没有患上天花！

詹纳决定纪念一下奇迹般存在的奶牛，因为是奶牛让这一切成为可能，奶牛的拉丁文是 vacca，而牛痘的医学术语就是 vaccinia。于是，詹纳将他的这项新技术称为 vaccination（疫苗接种）。过了一段时间，疫苗的概念终于普及开来，接种天花疫苗的人越来越多。1980 年（差不多 200 年后），世界卫生组织宣布人类终于彻底消灭了天花。

今天，疫苗接种已经非常常见。我想，你肯定不止一次去医院接受过疫苗接种。看到安装了针头的注射器静静地躺在一旁的托盘里，你可能会畏缩不前，因为这些注射器都是为你的胳膊准备的。通过这些注射，疫苗就会被接种到你的体内。每个细长的药水瓶中都装着少量某种虚弱或死去的病毒，这些病毒将使你的身体感到警觉，并认为自己正受到外来入侵者的袭击。你的免疫系统就会开始发挥作用，正如它面临任何入侵一样——毕竟它的职责就是保护你。免疫系统会生成抗体来攻击病毒，因为病毒很虚弱，你的身体能够轻而易举地打败它。但是最棒的一点是：你的免疫

系统一旦“击退”了疫苗，即使很久以后，它依然记得这些敌人。如果下次再遇到这种病毒，即使是强大得多的病毒，你的身体也会像是在一张通缉告示上看见过这种病毒一样，它知道自己必须立即生成大量抗体来对抗病毒的攻击，病毒的恶意收购甚至还没开始就已经被挫败了。

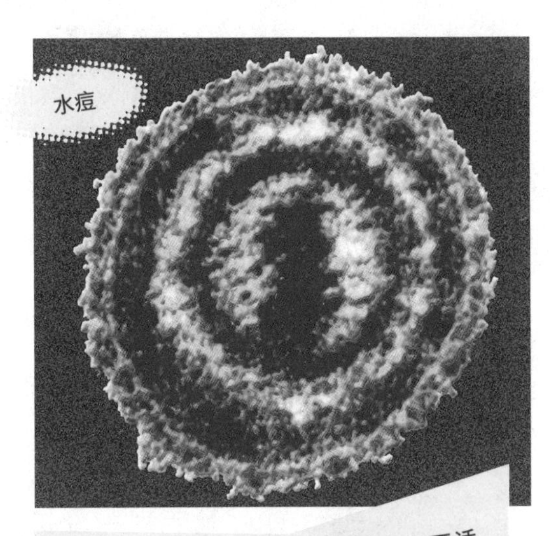

你知道吗？让我们感到身体不适的是我们正在起作用的免疫系统（还记得血液中的那些白细胞吗）而不是病毒本身。发烧、头痛、皮疹——所有这些症状都代表着你的免疫系统正在发挥作用。

病毒麻烦制造者排行榜

水痘　水痘是另外一种以前常见的儿童疾病，一旦患上，你的全身会长满瘙痒难耐的水疱。这种病毒非常狡猾，如果你患过一次水痘，水痘病毒就会潜伏在你的体内，处于休眠状态，就像是一座静止的火山。如果老人的免疫系统开始衰退，它就可能在他们身上再次爆发。这会引发一种叫作“带状疱疹”的水痘，带状疱疹会引发皮疹，有些人称这种感觉就像是对准你的喷灯。幸运的是，人们已经成功研发了水痘疫苗。

普通感冒病毒　哦，它会让你不停地打喷嚏！还有流鼻涕！到目前为止，人们仍然很难研制出一种预防普通感冒的疫苗。这是因为普通感冒的病毒种类实在是太多了（超过200种），每种病毒都形态各异，有点像穿着许多不同伪装衣的罪犯。幸运的是，你的免疫系统通常几天后就能够自动打败这些入侵者。

课外活动

我的宠物病毒

活动器材

- 几种颜色的可塑性黏土或培乐多彩泥（如果家里没有现成的，请使用导电面团配方亲手制作一些。）
- 多种颜色的烟斗通条。每个模型需要 2 到 3 根烟斗通条，将烟斗通条剪成 25 毫米长的小段（牙签或小棒也是可以的）
- 剪刀

接下来，你将有机会持有一个特殊的“病毒”，就算你将这个病毒传递给另一个人，也不会有任何人生病！让我们来看一下如何制作一个病毒模型吧。你知道吗？有一种被称为“腺病毒”的小东西，它能够引发一场普通感冒，能使你咳嗽、打喷嚏，还能引发腹泻、发烧和红眼病！和所有病毒一样，它包含遗传物质（脱氧核糖核酸或核糖核酸——腺病毒含有的是脱氧核糖核酸），外面包裹着一层防护性蛋白质衣壳，衣壳上布满了“长钉”，病毒就是借此依附并侵袭人体细胞的。

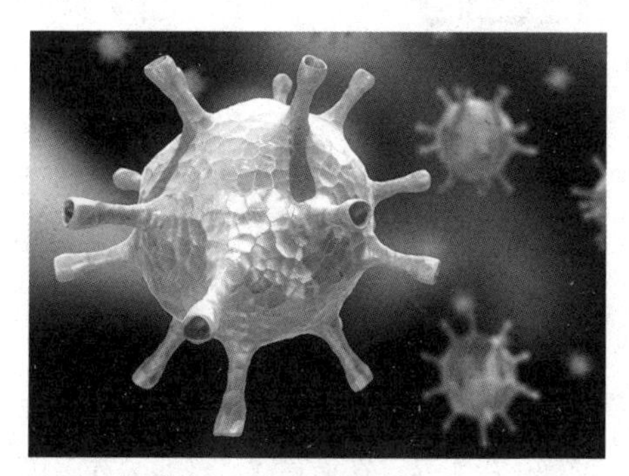

这是一幅描绘腺病毒外观的图画。

你可能会想多制作几个这样的小坏蛋送给你的朋友和家人。你还可以将它作为节日装饰品悬挂起来！你甚至可以按照自己的意愿制作大号或小号的病毒，我们这次活动要制作的是可以放在手掌心把玩的可爱小病毒。

1. 我们首先要取一块拇指大小的黏土，不断揉搓，做成一条小蛇的形状。再做一条蛇，然后将两条蛇盘绕在一起，呈双螺旋状。这将代表病毒的遗传物质——它的脱氧核糖核酸或核糖核酸。

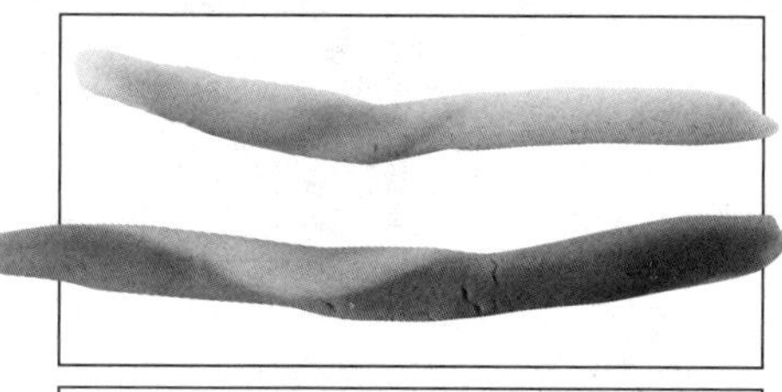

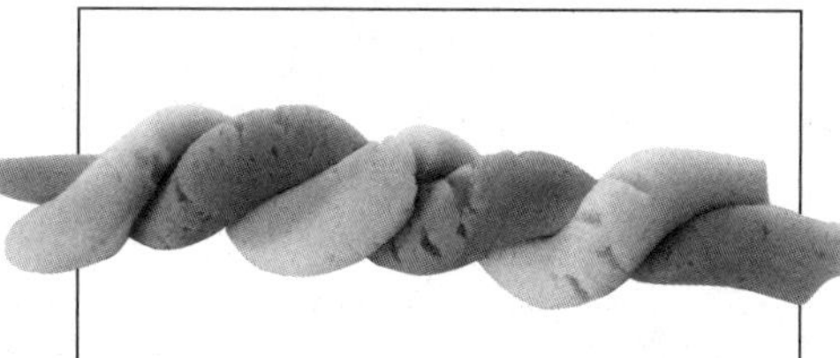

2. 接下来，取少量另一种颜色的黏土，将它揉成球状。这将代表蛋白质衣壳，稍后我们会就蛋白质衣壳进行详细介绍。

3. 用拇指在球的内部弄出一个洞，然后

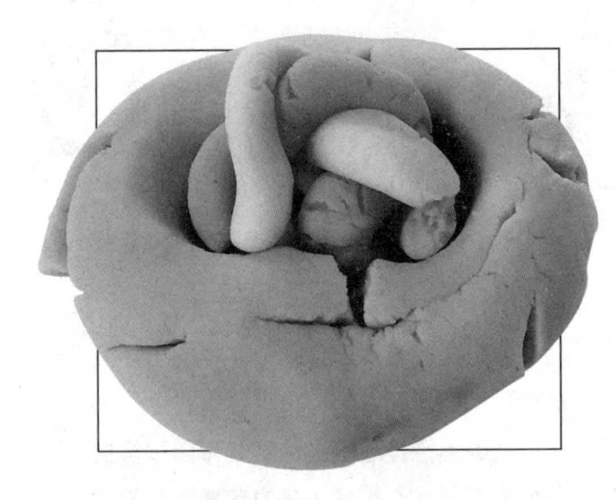

将遗传物质双蛇放入洞中。

4. 接下来，取25毫米长的烟斗通条。这些将代表病毒借以依附人体细胞的“长钉”，把它们插入球的周身。底部的长钉

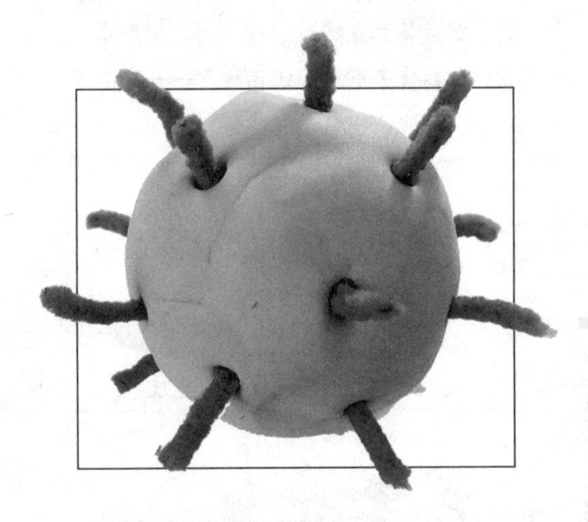

可能会被轻微压扁。但是，当你的病毒变干后，你可以调整它们的形状。

5. 为了使病毒变得更漂亮，你可以在每根纤维的顶端加上一些小小的黏土球，让它们更像显微镜下的真实病毒。

6. 制作更多的模型，送给你的朋友和家人，将这个小礼物“不断传递下去”。

7. 等待你的宠物病毒自然变干。第二天早上，走到你的朋友身边说，“我为你准备了一个礼物……请伸出你的手！”当他们伸出手后，告诉他们这是他们的专属“宠物病毒”！

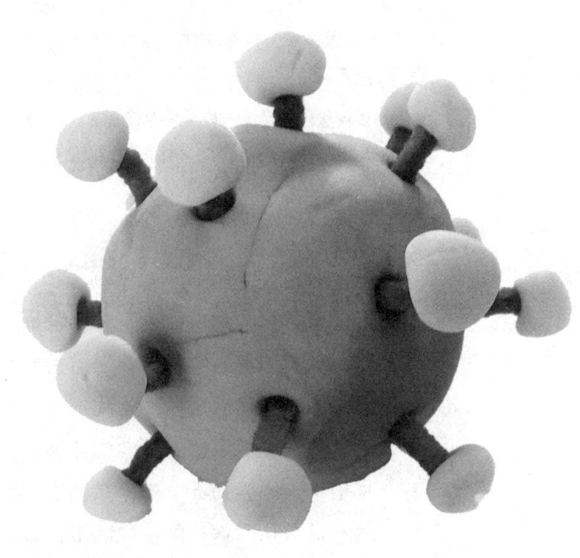

刚刚发生了什么

正如你轻而易举地就将实验中的病毒“传染”给了你的朋友和家人一样，真正的腺病毒传播也非常容易。它通过咳嗽或打喷嚏在空气中传播，或者潜伏在人们的手上。它还能通过粪便传播。为什么你的家长总是提醒你上完厕所后要洗手？这就是原因之一。此外，如果你触摸了其他患者可能触摸过的东西，在你将双手洗净之前，请

千万别再用手触摸鼻子、眼睛、嘴巴或食物。最重要的是，患者所在之处，病毒无处不在，所以请保护好你自己！如果你患上了普通感冒或流感，请待在家中以保护他人的健康。

那些位于你烟斗通条“纤维”末端的小球就像是一把钥匙，正好匹配你细胞上的一把“锁”（它被称为“细胞受体”）。病毒落在你的细胞上，就像是将钥匙插进锁中，然后一道小门打开了，病毒进入了你的细胞内部！（其他病毒会在你的细胞壁上弄开一个洞，然后注入它们的遗传信息，有点类似于医生或护士给你打针。）病毒核糖核酸或脱氧核糖核酸（也就是你制作并放入病毒衣壳内的双螺旋状结构）上的遗传信息占领你的细胞，然后强迫细胞复制出不计其数的病毒。这就像是某人走进了一家制鞋厂，然后利用厂内所有的机器克隆出了无数个邪恶的自己。万幸的是，科学家们正在研究如何才能从腺病毒中提取一种疫苗，通过将这种疫苗直接注射到细胞中，我们便能够对抗危害更大的病毒，例如艾滋病毒。这就像是将一个超级大坏蛋变成了一位超级英雄！

埃博拉病毒 这种病毒非常危险，它能够削弱血管。因此，虽然患者初期只会出现类似流感的症状，但后期就会出现牙龈出血、眼睛出血、大便含血等其他恐怖的症状。目前，该病集中分布在西非部分地区，其传播方式是直接接触被感染者的体液。埃博拉病毒分布的许多地方医疗服务都是不健全的。不过，关于如何控制和治疗该疾病，世界医学界已经有了大量认识，同时也正在努力攻克该疾病。

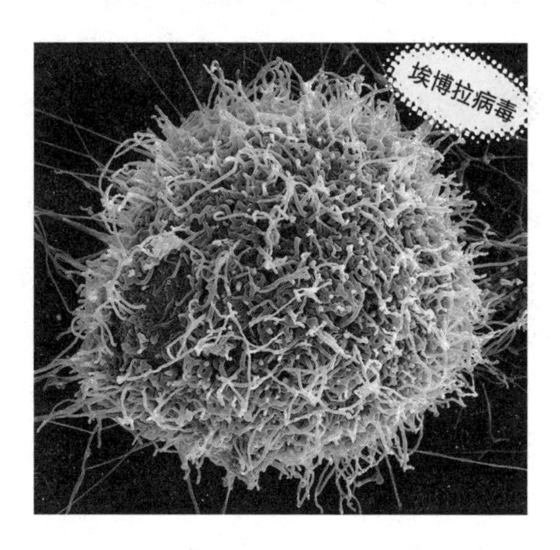

流感病毒 哦，我的天哪！一个小小的流感病毒会引发如此多的苦难和不幸——周身不适、发烧、疼痛……这种狡猾的病毒经常发生变异，但是在多数情况下，我们能够通过每年注射一种新型疫苗来预防这类病毒。病毒学家每年都会设法判断出本年传播最广泛的流感病毒，然后研制出一种对抗所有那些病毒的疫苗，希望能够减少流感患者的人数。

肝炎病毒 这种病毒尤其钟爱肝脏。它会直接攻击这个我们人体必不可少的重要器官，很大程度上会引起肝脏的发炎，阻碍肝脏履行自己的职责。肝炎有几种，儿童最容易患上的是甲型肝炎。它通过被感染者的粪便传播。这是另一个上完厕所要洗手的原因！目前，人们已经成功研制出了肝炎疫苗。

艾滋病病毒（HIV） HIV 这三个字母代表的是人体免疫缺陷病毒（Human Immunodeficiency Virus）。H= 人体。这就意味着这种病毒只感染人类。I= 免疫缺陷。这种病毒攻击的是免疫系统。一个有缺陷的免疫系统将无法击退敌方病菌的入侵。V = 病毒。现在，你应该知道这种病毒对人体的危害了吧？感染艾滋病病毒的末期就会引发艾滋病（又称“获得性免疫缺陷综合征”）。并不是每个感染艾滋病病毒的人都会马上发展成艾滋病患者，人类研制的新药似乎能够有效减缓艾滋病的发展进程。

麻疹和流行性腮腺炎病毒 在疫苗被发明之前，对于大多数孩子来说，患上这两种疾病就等于宣告了死亡。麻疹会引发红疹，而流行性腮腺炎会导致唾液腺浮肿，脸颊会变得和花栗鼠一样。现在，人们已经成功研制出了这两种疾病的疫苗。

脊髓灰质炎病毒 这种病毒主要潜伏在控制肌肉的脊髓神经中，能够导致肢体麻痹（这意味着你无法移动自己的身体部位）。在 20 世纪 50 年代初期，脊髓灰质炎传染病达到了顶峰，大量儿童被传染，于是，家长们都对这种传染病闻之色变。幸运的是，1955 年，科学家们成功研制出了一种疫苗，脊髓灰质炎已经在世界范围内被基本消除了。

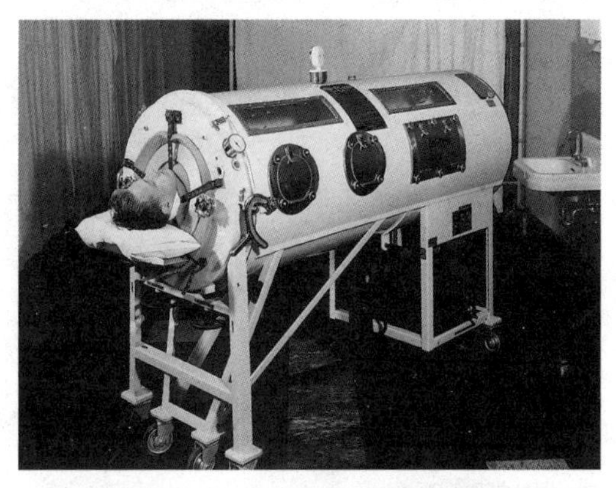

脊髓灰质炎病毒能够影响控制呼吸的肌肉，于是一些患者只能使用“铁肺”。一直到病情好转后，他们才能自主呼吸。

狂犬病病毒 下面，我要介绍一种能够让你身边的成年人留下深刻印象的词——

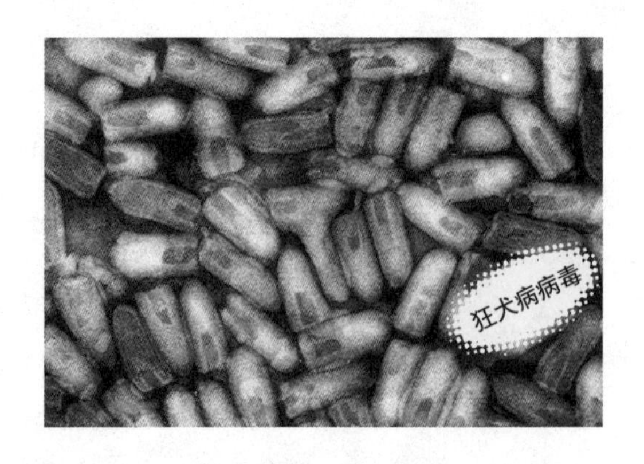

人们为什么要把责任归咎于鸡？

很多疾病都让人瘙痒难耐，并且外观粗俗不堪，从而导致生活苦不堪言，水痘（chicken pox）不过是其中之一。但是，人们为什么要把长得像魔鬼一样让人发痒的丑陋不堪的脓疱的责任归咎到这些可怜的家禽身上呢？其实这种病毒根本就不是来源于鸡。“为什么是我？”它们咯咯地叫着。好吧，关于水痘名字的由来，有三种说法：

1. 那些生活在农场的下蛋者一直都以懦弱闻名——有一句话是这样说的，“你居然不敢玩6000米垂直降落的名为‘末日龙卷风’的云霄飞车，你真是一个胆小鬼（小鸡）。”就痘而言，比起其他那些真正严重的痘，水痘通常是不致命的，它只是一种懦弱的痘。

2. 古英语中有一个单词——giccan，它的发音和鸡（chicken）很像，意思是“发痒的”。

3. 瘙痒难耐的红色疹子，就像是小鸡在你的皮肤上留下的啄伤。

既然谈论到这个问题，那么，鸡也会感染水痘吗？不会。但它们会感染一种叫作“鸡痘”的疾病。鸡痘（fowlpox）——毫无意外——相当难闻（foul）！其他物种也有它们自己特殊的痘，包括猴痘、金丝雀痘，甚至水果都可能感染！可怜的李子也可能感染李子痘！

目前，水痘已经很罕见了，这得益于疫苗的出现！

动物传染病。这是一种能够从动物传播到人身上的疾病。这种病毒是致命的，它可以通过被感染的狗、浣熊或其他动物的咬伤传播，最终潜伏在某个倒霉蛋的脑袋中。幸运的是，人们可以通过注射多针的疫苗来阻止狂犬病病毒损伤被咬者的脑灰质。

最重要的一点是，请对这些细胞劫持者的能力表达你最崇高的敬意！

课外活动

打造一个中世纪风格的瘟疫发射台

30分钟

- 6 根橡皮筋
- 8 根冰棒棍
- 剪刀
- 勺子
- 几种危险病毒（开个玩笑——用几粒迷你棉花糖或小绒球玩具来代表病毒）

我们相信，比起中世纪那些到处烧杀抢掠并散布瘟疫的军队，你肯定要更加善良和文明一些。不过，可以用你的迷你弹弓发射一些东西来找点乐子！

1. 把六根冰棒棍码成一摞，用橡皮筋将它的两头绑起来，然后用橡皮筋将剩下的两根冰棒棍绑在一头。

2. 将六根一摞的冰棒棍卡在两根冰棒棍之间。将两根橡皮筋剪断，然后用它们将所有冰棒棍紧紧地系起来。现在，六根一摞的冰棒棍应该牢牢地卡在了另外两根冰棒棍绑在一起的那头。

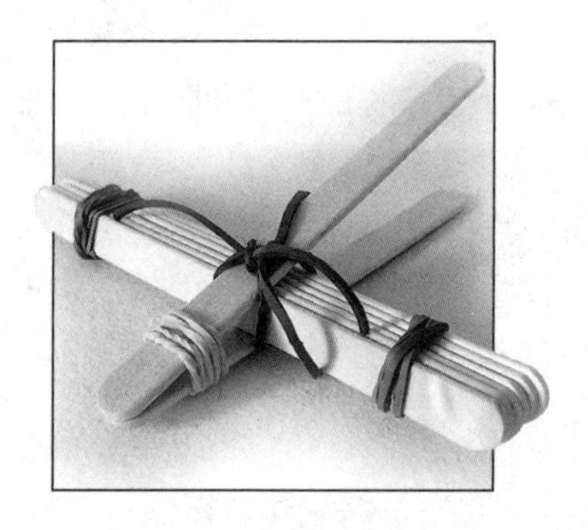

3. 用橡皮筋将勺子绑在最上面的那根冰棒棍上。

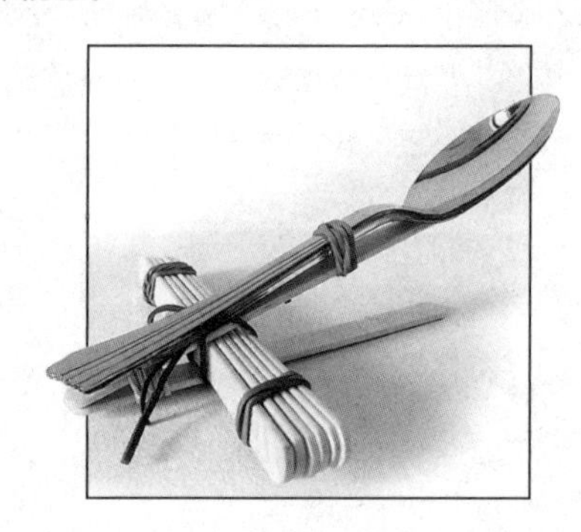

4. 准备发射！将你的“病毒”装载在勺子上。用一只手压住六根一摞的冰棒棍的两端，从而牢牢地固定住弹弓。

5. 接下来，用你的另一只手用力地按压勺子与发射冰棒棍绑在一起的地方。

6. 预备，瞄准，然后发射！

16世纪的瘟疫受害者

大瘟疫讨论会

你听说过“黑死病”吗？1347年到1352年，欧洲爆发了一场可怕的瘟疫，大约三分之一到二分之一的欧洲人因此丧命。黑死病不会长出水痘：这种瘟疫会引发鸡蛋状的、能够渗出血液和脓液的巨大肿块。患者感染后不久，五脏六腑会全面崩溃，紧接着就会迅速惨死。几个世纪以来，历史学家一直将该病归咎于一群老鼠身上的跳蚤——它们携带着一种危险的细菌，登上了一艘从亚洲出发的轮船。然而到了今天，许多科学家和历史学家开始把矛头指向另一位犯人——病毒！这是言之有理的。否则，当时就应该有超过半数的欧洲人被跳蚤咬伤。此外，这次瘟疫持续了整个冬天。但是，跳蚤在冬天一般会藏匿起来，而病毒能够轻易地在人群中传播，因而第二种说法也就更有道理。

无论是哪种说法，有一件事是肯定的：如果你生活在那个年代，想要感染你的敌人，将他们全部消灭，那么瘟疫死者的尸体可以成为一件非常厉害的武器。他们也确实这么做了！那么，他们究竟是如何做到的呢？当时，许多大城市都修建了又厚又高的城墙——某些城市甚至修建了护城河来保护城市的安全。于是，士兵们借助了一项叫作“石弩”的便携式发明，以及它的“大哥”——投石机。把一个巨大的匙状用具向后倾斜，装载了感染瘟疫的尸体，然后发射——只需要一点力，抛射物就能发射到很远的地方，速度还很快！如果你想要在敌人中传播恶魔般的邪恶瘟疫，那么投石机绝对是不二之选。这简直太可怕了！人类并不总是那么善良，是吗？

YouTube视频网站上发布了一段视频被迅速传播开来，视频中有一只小猫正在用三角钢琴弹奏“铃儿响叮当”。既然你已经知道病毒的传播速度比视频的传播速度还要快，那么，现在是时候开始介绍下一个同样邪恶的东西了。

17世纪的瘟疫医生戴着鸟喙状的面具，里面装满了芳香植物，用来“过滤被污染的空气”。

呕吐

呕吐是一件极其恶心的事，当然也可以有很多有意思的表达方式：反胃、发射、喷涌、作呕、狂吐不止、上吐下泻等等。不幸的是，实实在在的呕吐其实并不好玩。

我们中的大多数人都有过呕吐的经历。呕吐是生命的一部分，人类会呕吐，猫和狗也会呕吐。虽然呕吐很恶心，但是大多数呕吐能够帮助我们将一些有害物质排出我们的胃，否则这些有害物质就会使事情变得更加糟糕。

呕吐非常简单，就像数1、2、3那么简单。通常来说，你先会冒冷汗，然后觉得恶心——一种令人作呕的反胃的感觉，就像暴风雨来临前的警报。如果你感到恶心，可能就是你的身体在告诉你停止此刻正在做的事，除非你想要狂吐不止！然后，就是最重要的一步了：emesis（呕吐）。Emesis是表示呕吐的正式医学术语。当你的腹部肌肉不断收缩，迫使胃中之物不断上升，而后离开胃部，这时呕吐就发生了。

你胃里的东西是从口中吐出的，但是呕吐真正的幕后操纵者却是你的大脑。你的胃告诉你的大脑自己很生气，然后大脑就会给你的膈肌和腹肌发出收缩和排出所有物质的指令。呕吐的发生存在各种各样的原因。

1. 你食用了某种肮脏的、令人作呕的食物

这种食物中含有一种你必须尽快排出体外的毒素，所以你的大脑向你的腹肌发出“请立即离开这里”的信号。这又被称为“食物中毒”——罗摩之吐（注：一本儿童书刊）。

快跑！马上有人要吐了！

坐旋转椅

活动器材

- 一只装了半杯水的塑料杯
- 你自己或一两位自愿的受害人（呃——我的意思是朋友）

你正摇摇晃晃地从一个路线弯弯曲曲的叫作“让人头晕目眩的恐龙”的游乐设施上走下来。你不是恐龙，但此刻肯定头晕目眩，并且离呕吐只有 25 毫米的距离。为什么？尝试进行这次探索，找到问题的答案。别担心，这次探索不需要呕吐！

1. 取一个透明的塑料杯，倒入半杯水。将这杯水放在桌子的边缘，轻轻搅动几圈杯子中的水，然后停止。请注意杯中的水发生的变化。

2. 将杯子放在一边，然后以最快的速度旋转，大约转十圈，然后停下来。

3. 花一两分钟让自己从旋转中恢复过来，仔细体会自己的感觉。

4. 现在，先顺时针方向转十圈。然后不要停下来，请立即改变方向再逆时针方向转十圈。现在，你感觉如何？

刚刚发生了什么

当你停止搅动杯子中的水后，它还会继续旋转。你内耳中的液体（称为内淋巴液）也会发生同样的事。当你旋转时，该液体也会朝着相同的方向旋转。但是当你停止后，该液体还会继续旋转一会儿。这时你就会感觉到头晕目眩，同时你的大脑还可能发出呕吐的指令，直到该液体终于停止旋转。但是，当你朝一个方向旋转后，然后立刻朝相反方向旋转，反向运动就抵消了正向运动。于是，你的内淋巴液就会停止旋转，你也就感觉不到同样程度的眩晕感了。

2. 你食用了一种非常美味的食物

但是，你吃得太快太急了。于是，你的胃对你的大脑说，“一口气吃下四份格蒂阿姨做的千层饼是不明智的，这样给胃壁造成的压力太大了！请立刻将这些食物吐出去，否则我就要爆炸了！”于是，食物就被吐出来了！

3. 你得了胃病

一群险恶的病毒入侵者刺激了你的胃黏膜。于是，你的胃向你的大脑发出了求救信号，大脑紧接着发出指令——是时候呕吐了！

4. 你刚刚坐着旋转椅

连续转了三圈；又或者，当司机正沿着蜿蜒的道路行驶时，你在汽车后座玩着电子游戏。想知道为什么你会冒冷汗，感到恶心，需要四处找寻呕吐袋吗？这就要说到“晕动病”了，它并不是你的胃导致的，而是你的耳朵、眼睛、触觉，当然还有——控制中心——你的大脑导致的。

一般来说，通过所有感官收集得来的信息，你的大脑能够判断出自己所处的位置。每当你走动时，你内耳中的一个叫作“前庭系统”的区域就会运用它那微小的、

你有没有在游乐园经历过恶心的呕吐？如果你在某个游乐设施的出口附近看见了一个拖把和一只水桶，那么，你可能需要慎重考虑是否要玩这种游乐设施了。下面我们就介绍几个应该在座位下面挂一个呕吐袋的游乐项目。

旋转椅 不断旋转的同时，还会快速上下移动，这真是一份呕吐秘方。

旋转茶杯 杯子不停地旋转，地面也朝着相反的方向不停旋转。也许，你想要再来点呕吐物来搭配你的茶？

大型云霄飞车 当你想知道你的胃在何处时，没有什么能比得上这种就像是在20层楼高的建筑边缘疾驰而过的感觉。

超级翻转高空踏浪 人们普遍把它视为所有游乐项目中的“呕吐之王”！这种游乐项目在墨西哥的一家主题公园里就有，它会使你急速空翻，使你的头完全朝下，并使你左右晃动。上、下、左、右，同时保持旋转。游客在乘坐这种游乐项目期间，呕吐是必不可少的。你只能期盼别人的呕吐物不要飞溅到你的身上。

课外活动

愚人节的惊喜

当你呕吐时，你会将自己的胃里的东西排出体外，包括胃酸、一些保护你胃黏膜的黏液，以及还处于各种消化阶段的食物。因为大多数人没有足够的耐心将食物细细嚼烂，所以他们吞入的食物中经常还包含着块状食物。于是，“blow chunks（吐出块状物）”真的是一个相当确切的说法！

呕吐物的外观取决于你所吃进去的食物，所以，许多材料都可以用来制作呕吐物。一般来说，你需要调制出一碗内含适当大小的块状食物以及奶油色的、黏糊糊的物质。但是我们还发现，呕吐物的呈现形式才是本活动的关键。亲爱的读者，这个关键就是将你仿制的呕吐物从一个至少 60 厘米的高处往下倒，因为呕吐物的溅泼声才是真正令人作呕的。所以，让我们仿制一批呕吐物，然后确保让它发出微妙的落地声。然后，请叫来你的朋友和家人，看看他们是否相信你刚刚吐了！

1. 把酸奶倒入碗中。

2. 加入几勺调味酱，直到调出你希望的颜色和稠度。（你可能用不到 1/2 杯。）

3. 将你的仿制呕吐物拿至一个可以往下倾倒的位置——高于 60 厘米。这可能会把地面搞得乱七八糟，所以请确保这个地方很好清理，例如户外或瓷砖地面。请避开地毯和家具！

活动器材

- 1/2 杯酸奶，任何口味均可
- 碗
- 1/2 杯主厨调味酱
- 勺子
- 用来清理现场的纸巾

4. 用勺子舀出一些呕吐物，然后从高处往下泼。

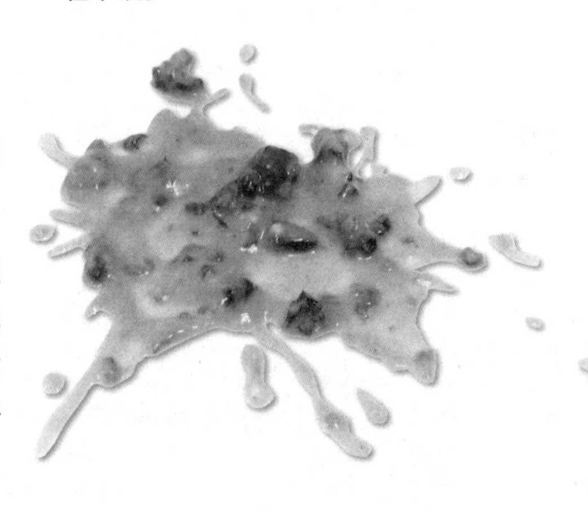

5. 请尽情享受这“恶心”的场景吧！随后用一声呻吟，将你的朋友吸引过来，看你能否让他们误认为这是真正的呕吐物！接下来，你就可以进行终极呕吐环节了——吃掉一些“呕吐物”！

刚刚发生了什么

你发现没有，本配方中的原材料实际上一点也不恶心？它们是相当美味的，无论是单独食用还是混合在一起食用。在你没有决定将这碗混合物称为“仿制呕吐物”以前，你甚至可能会享受整个品尝过程。然而，不知为何，一旦我们将它命名为“仿制呕吐物”，你就很难强迫自己去品尝了。在保护你远离那些可能对你有害的东西上，你的大脑就是如此强大。

为了制作出高仿真度的呕吐物，你需要一种液体来代表胃酸，一种轻微黏滑的物质代表胃中的黏液，以及一种块状的物质代表你的食物。酸奶和调味酱具有了所有上述特征。你也可以选用其他食物进行本次实验。

温馨提示：确保清理干净这次“愚人节的惊喜”！记住，这是你制造的混乱，请不要放任不管，或者叫别人来清理！如果你做不到这一点，你最终将会被赶出“了不起的科学家”俱乐部。

超灵敏的、毛发似的感受器和一种特殊的流体推断出你头部指向的方向，并警示你的大脑。主题公园的游乐设施包含了大量的方向变化，似毛发的感受器和流体四处乱窜，于是你的大脑无法判断出它所面对的方位。乘坐汽车时，你的大脑会从你的所有感官中收集到截然不同的信息。你的身体前后左右地摇晃着，但你一直盯着显示屏或书的眼睛却告诉你的大脑根本就没有任何的位移。所有矛盾的信息致使你的大脑觉得情况不妙，于是它认为，“也许我应该清除所有的胃中之物，以防问题就出在胃里！”接下来，你就不得不靠边停车，然后狂吐不止了！

5. 你看见别人吐了

有时候，只需要看见或闻见别人的呕吐物，就足以让你觉得恶心甚至呕吐。为什么我们中的一些人会有“呕吐同理心”呢？据一些科学家说，这是一种由来已久的生存本能。早在穴居时代，人们共享食物时就形成了这种生存本能，现在仍然铭刻在我们的大脑中。如果呕吐者饱勃食用了疯牛肉，那么你很可能也食用了。所以，在疯牛肉对你的身体产生更严重的危害前将它吐出来，你才有可能活下来！

呕吐后，你的喉咙是不是感到一股火

美国KC-135号飞机上的宇航员特训，又名“呕吐彗星”。

烧般的灼热感？这就要怪你可爱的胃酸了。此外，当你狂吐不止时，胃酸还会喷涌而出，损伤你的牙齿。但是，我们的身体是非常奇妙的，它拥有一个绝妙的保护牙齿的计划——在呕吐之前，你的口腔内就会分泌出大量的唾液来保护你的牙齿，使它们安然度过即将来临的呕吐暴风雨。

那恶心又是怎么一回事呢？你有没有在刷舌头时不慎将牙刷伸到口腔最里面？你有没有在吃花生酱时不慎将花生酱黏在了口腔上方？这些情况都可能引发你的呕吐反射，致使你喉咙后方的神经向你的大脑发出一个紧急求救信号，“救命，我马上就要被某个东西噎住了！”接着，你的大脑便会给你的喉部肌肉发出一个信号，命令它们收缩。紧接着，位于喉咙后方的东西就有可能发生转移。恶心！恶心！太恶心了！恶心又可能会引发呕吐。有些人的呕吐反射要相对更敏感一些。但是，吞剑表演者则不同：他们已经学会了如何完全遏制自己的呕吐反射！

成为一名宇航员是一件超级炫酷的事。但是，长期在失重状态下生活也会导致恶心和呕吐，这是因为宇航员的感官会向他的大脑发出自相矛盾的信号。他们无法判断上和下，因为在零重力状态下是无所谓上和下的！如果宇航员把国际空间站吐得到处都是，这会是一件非常麻烦的事情。为了适应失重的状态，降低呕吐的可能性，预备宇航员们会在一架名为KC-135号的飞机上接受特训。这架飞机就像是一辆云霄飞车。它先是近乎垂直地往上飞，然后突然垂直下降。在垂直下降的过程中，这些幸运的家伙会经历大约25秒的失重状态。他们会不断地重复这个过程，直到他们的内耳和大脑最终可以识别这种体验，从而在他们经历外太空的失重环境时不至于紧张害怕！尽管宇航员们已经在“呕吐彗星”上接受了特训，但是一旦登上国际空间站，这些新来者偶尔也会感觉需要释放一声“液态尖叫”（呕吐）。谢天谢地，空间站上配备有许多的呕吐袋，这真的是必不可少的！

呕吐、大便、小便、放屁、饱嗝儿，我们已经探索了这么多好玩的东西。生活中还有别的令人作呕的东西吗？当然有！让我们滑行到下一章——蠕虫！

蠕虫

蠕虫的世界

自然界中有许许多多形态各异的蠕虫。有些蠕虫喜欢生活在水中，有些偏爱在土壤中蠕动，还有些喜欢寄居在其他生物的内脏中。接下来，让我们来探讨一下蠕虫吧！

蠕虫大小各异，有微小的孑孓 (jié jué)，也有巨大无比的带虫。1864 年的英国，在一次暴风雨过后，一只长达 55 米的带虫被冲到了苏格兰岸边。

另外，蠕虫的形态也各异：圆的、扁平的、短的以及长的。

蚯蚓是我们日常生活中最常见的蠕虫，那么让我们先跟随蚯蚓一起滑行一会儿。蚯蚓属于“环节动物”一类的蠕虫，它们拥有多节身体。想象一下一卷糖果救生圈，这是一种用各种各样的糖果制成的卷状食品。接下来，把这卷糖果弄得黏滑而潮湿。环节动物的

跟着我们一起唱：“蠕虫爬进，蠕虫爬出，它们吃掉你的内脏，然后吐出来……”真是一首动听的小曲子！如果在你体内爬进爬出的蠕虫长达 6.7 米呢？比如那个在南非发现的黏糊糊的蚯蚓标本，你愿意和那个家伙来次面对面的交流吗？

吉普斯兰大蚯蚓是一种来自澳大利亚的蠕虫，身长几乎可达 3 米，是一种非常罕见的生物。

蚯蚓医生

想要成为一名兽医，你需要在大学毕业后再读大约四年的研究生。已经等不及了？那么几分钟后，我们就让你扮演蠕虫医生。

- 铁铲或泥铲
- 蚯蚓
- 纸巾
- 透明塑料杯或玻璃杯
- 水
- 放大镜

1. 首先，你需要找到一名病人。蚯蚓是出了名的讳疾忌医，所以，你即将提供的是一次“上门服务”。找到一块地，然后开始往下挖。如果运气好，你很快就能挖出一只蚯蚓；运气不好或是没有可以挖的泥地，那就去鱼饵店或宠物店选购一只吧！

2. 取一个透明杯，在杯子中垫上一张湿纸巾，然后轻轻地将蚯蚓放入杯中，接下来，它就准备好接受身体检查了。你需要让它保持身体湿润，因为蠕虫脱水后就会死去。

3. 首先，让我们来检查一下它的口腔健康。蠕虫没有牙齿，但是它有口器。如果你检查的是错误的一端，那就是蠕虫的肛门。嘿，请尊重一下别人的隐私好吗？蠕虫是由多个体节组成的。最厚的体节，也被称为“生殖带”，这是用来储存蠕虫卵的地方，它更靠近蠕虫的口器一端——也就是身体前部。用你的放大镜近距离观察一下……不幸的是，我们不知道应该如何用蠕虫的语言表达“张开嘴，说‘啊’”，你知道吗？

4. 接下来，让我们研究一下蚯蚓对水的反应。另取一张纸巾，在上面倒少许水，将纸巾的一半弄湿。将蚯蚓放在纸巾上，身体的一半位于湿纸上，而另一半位于干纸上。然后松开手，观察蚯蚓会爬向哪一边。

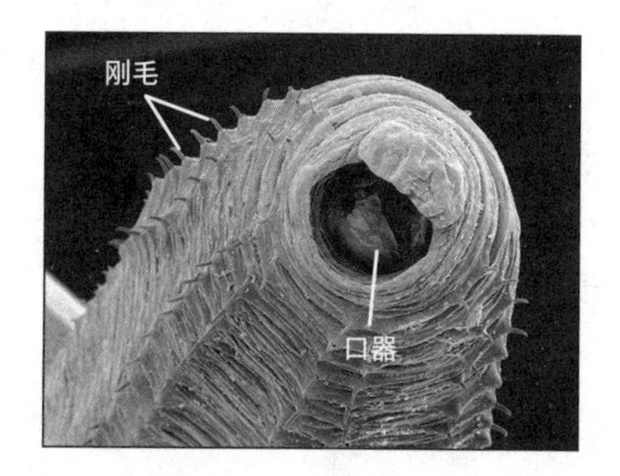

5. 弄湿你的手指，用手指来回抚摸蚯蚓的身体。你应该能感觉到蚯蚓体壁突出的细小短毛，它们也被称为“刚毛”。这些短小的“毛发”和蚯蚓的肌肉一起为蚯蚓提供了更大的蠕动牵引力。

6. 接下来该检查血压了。使用你的放大镜，在蚯蚓身体前部附近寻找它循环系统中收缩的脉动。你应该能看见伴随着血液流动的身体运动。

7. 是时候遣散蠕虫了。既然你的病人已经获得了一张干净的（或肮脏的）健康证书，请轻轻地将蠕虫放回户外的土壤中，或请它入住下一个课外活动中的蠕虫公寓。

刚刚发生了什么

你的蠕虫做了哪些有意思的事？你真的近距离观察了蚯蚓的体节并触摸了它的刚毛吗？你摸到的那些又硬又粗的刚毛也解释了为什么当你用力拉扯它时，却无法轻易地把它从土里扯出来。所有那些小小的突出物就像是活的尼龙搭扣，使蚯蚓牢牢地固定在土壤中，你或者捕食者都很难把它猛地从土壤中拉出来。

你的蠕虫爬向了纸巾的哪边呢？蠕虫不是通过口器呼吸的，它们通过皮肤吸入氧气，但前提条件是它们的皮肤必须是湿润的。这就是为什么蠕虫很可能更喜欢湿纸巾，而不是干纸巾。如果蚯蚓长时间缺水，它就会窒息，所以请确保它的身体保持湿润。你观察到蠕虫循环系统的脉动了吗？蚯蚓和人不同，它们没有心脏，而是拥有五个极小的“主动脉弓”，使血液流经全身。嗯……这是否意味着蠕虫通常会坠入爱河五次？

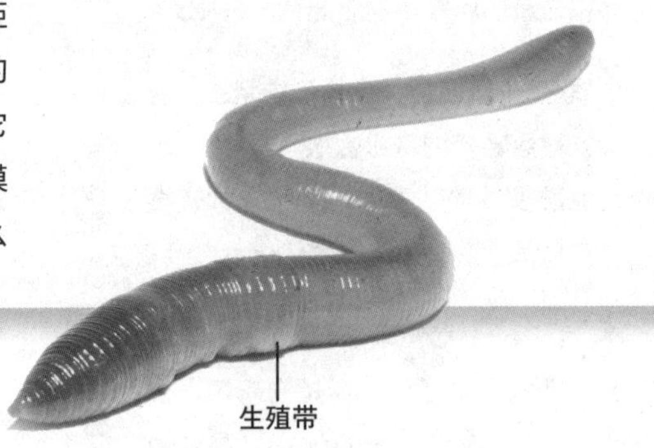

身体就是由100到150节连接而成的，正如那卷糖果一样——当然，请忽略糖果鲜艳的色彩和腐蚀牙齿的特点。

环节动物的前部和后部几乎没有差别。它们没有骨骼，没有胳膊，没有腿部，没有耳朵，也没有嘴唇。不过，它们肯定拥有感觉器官，它们的感觉器官大致位于口器的顶部，也被称为“口前叶”。环节动物的口前叶能够帮助它探路，并将食物送入口中。它们没有眼睛——只有能够感知光线的器官，所以，自然界中所有那些环节动物是无法阅读本书的。当你观察一条蠕虫时，毫无疑问，你会认为它们的“尾部”和“头部”非常相像。然而事实上，仔细蚯蚓是益虫，有些蠕虫却相当恐怖——它们通过寄居在人或动物体内，给人类和动物带来无穷无尽的痛苦。我们应该将“最恶劣的蠕虫入侵者”这个称号奖颁给蛲虫。它们大多是白色的，身长约 12 毫米，最喜欢寄生的家是人类的肠道！成年雌性蛲虫通常会将卵产在你的肛门附近，真的是瘙痒难耐啊！

绦虫是另一种痛苦制造者。这些家伙通过未煮熟的肉类偷偷溜进人的体内！它们利用自己的钩子和吸盘吸附在人类的肠道内。一些绦虫能够长到 15 米长，且食欲旺盛。

蛔虫似乎更喜欢寄生在狗的体内，但许多蛔虫也会传染给人类。如果你养宠物，就需要每隔一段时间检查一下它的粪便。一旦你发现一些长得像意大利细面条的东西，请马上带你的狗去看兽医！那么，如何才能避免被蛔虫感染呢？上完厕所后记得洗手，同时确保将肉类彻底煮熟后食用。

蛔虫

绦虫

观察你是能够判断出成年蚯蚓“头部”所在的位置。这是因为你能在“头部”附近观察到一个被称为“生殖带”的较粗的体节，有点像一根颈圈。蚯蚓的脸上也会长着一个小小的口器——非常适合食用落叶、动物粪便、细菌和真菌。蚯蚓没有牙齿，是通过它的砂囊来分解食物的，砂囊中含有坚硬的砂石和肌肉，

课外活动

蚯蚓公寓

吸血鬼德拉库拉不是唯一喜欢黑夜的家伙。大多数蚯蚓最喜欢的事情就是在漆黑的泥土中四处蠕动，这是它们最喜欢的地方。所以，你为什么不给它们建造一间凉爽且黑暗的蚯蚓公寓，然后暗中监视这些小蚯蚓呢？当蚯蚓们检查完身体后，这里将成为一个完美的栖身之所！

活动器材

- 1个干净且空置的2升装的汽水瓶，撕掉塑料包装并剪掉瓶子的上部。（请找一位身边的成年人帮助你完成这件事！）这个瓶子不需要瓶盖
- 一个较小的可以放入汽水瓶的罐子或瓶子。你可以选用一个空置的500毫升装的塑料水瓶。这个瓶子需要瓶盖
- 一张黑色的建筑用纸，或从一个黑色垃圾袋上扯下一块
- 小号透明胶带
- 剪刀
- 土壤（直接去地里挖或购买盆栽土）
- 浅色沙子
- 汤勺
- 漏斗（你可以使用从2升装汽水瓶上剪下的部分），或者一张纸，卷成圆锥状，并在顶部留一个小开口
- 水，最好倒入喷雾瓶中
- 蚯蚓点心，例如：落叶、土豆、苹果和胡萝卜皮、生菜碎叶、芹菜、香蕉皮，以及弄碎的鸡蛋壳。但是请不要放肉——腐肉会把你家搞得臭气熏天！
- 1双旧连裤袜或一块粗棉布
- 一两根强力橡皮筋
- 当然还有我们本场演出的主角：蚯蚓！你可以自己去地里挖蚯蚓（超级好玩），或者去任何一家鱼饵和渔具店购买。

1. 用合适高度的建筑用纸或黑色垃圾袋把一个较小的罐子或瓶子包裹起来，然后用胶带加固。蚯蚓们喜欢黑暗，所以请确保瓶盖是盖好的。往大瓶子底部倒入大约25毫米高的沙子，然后把小罐子放入沙子中。你需要确保蚯蚓们无论如何也爬不到你看不见的泥土深处。

2. 接下来，在小瓶子和大瓶子瓶壁之间的空间中堆叠几层土壤和沙子。你可以先加入一层大约25毫米厚的土壤，然后加入一层大约12毫米厚的沙子。

3. 紧接着，请在土壤和沙子中喷洒少许的水。请注意它应该是潮湿的，但不是泥泞的。

4. 加入少许食物，蚯蚓需要食物。

5. 时不时拜访一下你的蚯蚓。5到8只蚯蚓就能举办一场热闹的蚯蚓街区聚会了！

6. 重复堆叠的过程。再加入一层土壤，然后沙子，然后水，然后食物，也可以再放入一两只蚯蚓。

7. 当你的蚯蚓公寓中已经装满了沙子、土壤和蚯蚓，请用一截连裤袜或一块粗棉布把较大的瓶子口覆盖起来，并用一两根橡皮筋绑紧。你肯定不想蚯蚓像越狱犯一样在你的家里到处滑行，但是它们的确需要空气。

8. 将你的蚯蚓公寓放在一个黑暗的地方。你也可以放进壁橱中，蚯蚓们喜欢在黑暗中参加派对。等待一两天，让蚯蚓们各司其职。你可以偷看一下，它们会不会在蚯蚓公寓中四处蠕动呢？在接下来的一周，记得每天查看瓶中的情况。

9. 当你看够了你的宠物，请将它们放回附近的公园或花园中，愉快地和它们告别吧！蚯蚓需要在大自然中漫游，如果在小小的公寓中待得太久，它们就会不开心或生病。

刚刚发生了什么

你看见蚯蚓四处搬运土壤、沙子和食物了吗？原本整齐堆叠的泥土层也不再整齐了！蚯蚓是天生的隧道挖掘工，它们可能生活在土壤深处，但是仍然需要空气和水分。它们所挖的每条隧道都会翻动土壤，从而使氧气接触到蚯蚓的皮肤。这种隧道挖掘对蚯蚓来说是有利无弊的，对土壤更是如此。所有那些翻动、搅拌、挖掘、进餐和排便，都能有助于分解腐烂的动植物残留物质。

如果你真的特别喜爱你的蚯蚓朋友，想让它们多陪你几天，你还可以研究一下如何使用一个装了蚯蚓的桶把你家的剩饭剩菜制成堆肥呢！现在，很多书籍和互联网网站都是关于这个主题的，请尽情地探索比蚯蚓垃圾公寓更广阔的世界吧！

能磨碎蚯蚓吃进去的食物。

蠕虫可能看起来黏滑且无毛。但事实上，它们的体壁上长满了能够帮助它们蠕动的小短毛，被称为“刚毛”。刚毛有点像坚硬且多毛的小桨，能够帮助蠕虫前后爬行。蠕虫能够在刚毛的帮助下蠕动它的体节，非常优雅地伸展和缩紧身体，一路前行。

1. 重新长出身体！

你肯定不会故意伤害蚯蚓，但是万一在做园艺时不小心刺伤了一只蚯蚓，它的蠕动生活也不会因此而结束。众所周知，即使断成两截，蚯蚓也能够重新长出头部和尾部！

2. 每天的食量能够达到体重的三分之一

如果你的体重为45千克，那么，在24小时内你能够吃掉14千克的食物！

3. 能够通过皮肤呼吸

蚯蚓脱水后会窒息而死。蚯蚓之所以在夜晚爬出地面，是因为它想要用露珠沾湿身体。在太阳出来晒干所有的露珠（以及它们的皮肤）之前，我们的蠕虫朋友们必须谨慎地回到泥土中。

自然界中生活着成千上万种不同品种的环节动物。有些生活在地表，有些生活在表层土壤中，还有一些喜欢生活在土壤深处。如果你挖开一片足球场大小的土地，大约会有5万到50万只蚯蚓正忙着进食腐烂物质。这些蚯蚓超级有用。事实上，当蚯蚓在土壤中蜿蜒而行，一边爬一边吃时，它们能够疏松土壤，同时将土壤中的有机残留物质加以回收利用。它们的粪便或“脱落物”（就是那些堆在一起的小块泥土）会把它们所吃的食物中的氮和其他营养物质重新返还到土壤中，使土壤更加肥沃。此外，它们所挖的隧道能够使空气和水分进入到土壤中，使土壤保持疏松和湿润——这非常适合新植物的生长。健康的土壤等于快乐的植物。谢谢你们，可爱的蚯蚓们！

为什么一定会有臭鸡蛋的味道？下一章——难吃的蛋黄！另外，我们本章讨论的不仅仅是鸡蛋。有人想来一份狼蛛卵子煎蛋卷吗？

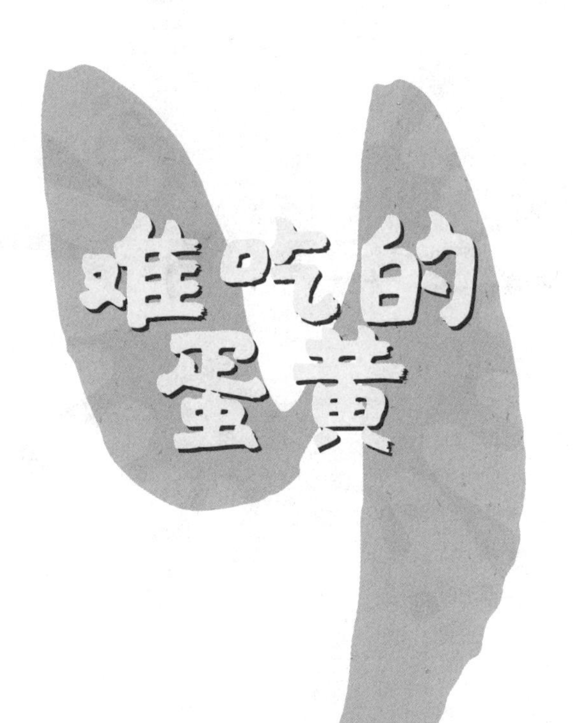

难吃的蛋黄

煮熟的鸡蛋非常美味，但生鸡蛋却会令我们中的大多数人狂吐不止。首先，它们相当黏滑，尤其是蛋白凝胶中那些浓稠的物质。当你敲开鸡蛋后，是不是偶尔还会在蛋黄上看见血块？此外，别忘了臭鸡蛋散发的恶臭。真恶心！其实，鸡蛋就是鸡所产的卵。现在，让我们开始学习一些有关卵子的知识吧！

可怕的蛋！

千万不能生吃任何禽类的蛋哦！就拿鸡蛋来说，生鸡蛋中可能含有沙门氏菌。在所有有害的细菌中，沙门氏菌排在首位。所以，当加入生鸡蛋后，千万不能再去舔蛋糕面糊的搅拌勺！另外，用手拿过生鸡蛋后，记得洗干净双手。

蛋黄就在你身上！

我们也许会认为蛋不是用来炒就是用来煎，但是蛋的作用不仅是被制成早餐，它还能用来孵小鸡。乌龟、蛇、奶牛以及人类，我们全都来源于蛋（卵），区别就在于哺乳动物的蛋没有包裹坚硬的外壳。此外，一旦在母体内完成受精，它们就不再被称为蛋。当雄性的精子遇到雌性的卵子，卵子与精子相结合，就形成了受精卵。公鸡和母鸡、公牛和母牛、男人和女人、乌龟和……嗯……还是乌龟：精子和卵子中的两组DNA结合在一起，一个全新的、活的、呼吸的、蠕动的、爬行的、哭泣的、咯咯叫的生物就产生了。神奇的创造新生命的工作正在进行中，一切生命都是从卵子开始的！

让我们开始鸡蛋狂欢吧

是时候探索一下易碎又黏滑的鸡蛋了，让我们一起看看那层神奇的蛋壳下究竟是什么。

1. 用肥皂和水将鸡蛋洗干净，以防有任何有害的细菌潜伏在蛋壳表面。

2. 拿着鸡蛋一侧轻敲一个坚硬而平整的表面，例如碗的边缘，将鸡蛋壳敲出一条裂缝。手握鸡蛋壳置于碗的上方，用你的拇指把鸡蛋壳一分为二，将黏滑的蛋液倒出来。打鸡蛋需要多加练习！不要让任何鸡蛋壳碎片掉进碗中。

3. 仔细观察蛋壳的内部和外部。用力拉扯蛋壳内部那层薄薄的、皮肤状的膜，它们叫作“蛋壳膜”。出人意料地强韧，是吧？

- 1个新鲜鸡蛋
- 碗
- 黄油或食用油
- 烹饪锅

4. 查看鸡蛋较宽的那头。你看见了吗？这里的蛋壳膜是不是没有完美地贴在蛋壳上？内外蛋壳膜之间存在着一个气泡空间，这就是“气囊”。

5. 接下来，让我们来观察一下胶黏的部分——蛋白，也被称为“蛋清”。蛋白不是很多（至少，这里的不是很多）！紧挨着蛋黄的这部分蛋白是黏糊糊的，外层蛋白则含水更多，会在碗中大范围分散开来。

6. 你在蛋白上看见白色的浓稠物质了吗？它们统称为“卵黄系带”。（卵黄的两端各有一个卵黄系带。）

7. 接下来，让我们来看看蛋黄。蛋黄的周围有一层薄膜，将所有的蛋黄包裹起来。如果把这层薄膜弄破，会发生什么呢？试试吧！

8. 接下来，在你的平底锅中倒入一点黄油或其他食用油，然后放入鸡蛋。请你的家长帮你用中火煎鸡蛋，观察鸡蛋的变化。然后，将煎好的鸡蛋放在一片烤面包上，开始享用美味吧！

刚刚发生了什么

你注意到了吗？鸡蛋壳有点凹凸不平。这是因为鸡蛋壳上布满了小孔，被称为“气孔”—— 一个鸡蛋壳上大约有17000个气孔！有了气孔的存在，水分和空气就能够穿过蛋壳到达鸡蛋内部。你试过用力拉扯靠近蛋壳的那层薄膜吗？这层薄膜十分强韧，因为它们包含一定比例的角蛋白，你的头发中也含有该物质！事实上，这里有两层薄膜，我们用肉眼很难区分。当母鸡产蛋后，随着鸡蛋慢慢冷却，两层薄膜之间会形成一个“气囊”空间。

蛋白中含有40种不同的蛋白质，但主要成分是水。煮熟后，透明的蛋白就会变成白色。你看见的每根卵黄系带都是一个螺旋带组织，它们像微小的锚一样约束着位于鸡蛋中心的蛋黄。蛋黄的蛋白质含量低于蛋白，但含有大量维生素和矿物质。蛋黄可能是淡黄色，也可能是像落日一样的橘色，这取决于母鸡的饲料。当鸡蛋全熟后，仔细品尝蛋黄和蛋白之间的区别，你喜欢蛋白还是蛋黄？

蛋的流水作业线

当明亮的光线（阳光或工厂化农场中的电灯泡）射入鸡舍，母鸡的整个下蛋过程就开始了。对于家禽来说，光线有点类似闹钟。在这个例子中，当光线射入位于母鸡眼部的一个腺体，它就启动了下蛋开关。如果把一只母鸡关在黑暗中，它就一个蛋也下不出来。

母鸡眼部的腺体会释放出一种特殊的化学物质，该物质会进入母鸡的卵巢——母鸡体内的一小块用来存放数千个未成熟卵子的区域——母鸡就开始产蛋了。一个成熟的卵子和卵黄将从卵巢中排出，沿着一个叫作“输卵管”的管道一路前行。在输卵管中，卵黄开始膨大，形成一层“蛋白”，官方学名是“蛋清”。卵子继续沿着输卵管前行，蛋白周围会形成一层叫作“蛋白膜”的薄膜。盐和水相继形成，然后是钙，钙能够硬化成内蛋壳膜，起到良好的保护作用。最后一步就是形成外蛋壳膜，它能够将蛋壳上所有微小的气孔密封起来。细菌被拦截在了蛋壳外，而美味的蛋液安全地保存在了蛋壳内。整个过程大约需要25小时——略长于一天！

如果母鸡和公鸡进行了交配，卵子变成了受精卵，这个鸡蛋就可以孵化——也就是你曾看到过的母鸡蹲坐在鸡窝上的工

卵生还是胎生

通过“卵子”繁殖后代的生物可以大致归纳成两类——卵生动物和胎生动物。卵生是动物受精卵在母体外发育成新个体的一种生殖方式。而胎生是动物受精卵在母体内发育成新个体直至生产时间的生殖方式。

类别	卵生动物	胎生动物
哺乳类	存活至今的原始卵生哺乳动物仅有两种：针鼹和鸭嘴兽。它们都生活在澳大利亚和新几内亚。	几乎所有的哺乳动物都属于胎生动物，包括老鼠、人类、猫、狗、熊、袋鼠、鲸鱼和海豚等。
鸟类	所有鸟类。	无。
爬虫类	所有的鳄目动物（包括鳄鱼、短吻鳄、凯门鳄等）和龟目都属于卵生动物。大部分的蛇目，例如眼镜蛇和巨蟒，也属于卵生动物。	部分蜥蜴目和蛇目属于胎生动物，包括束带蛇、蟒蛇和响尾蛇。
两栖类	几乎所有的青蛙、蟾蜍和蝾螈都属于卵生动物。	仅有几种特殊的蛙类、蟾蜍以及蝾螈属于胎生动物。
鱼类	大部分鱼类。	2%的鱼类，比如有些种类的鲨鱼就属于胎生动物。

作。孵化需要合适的温度、湿度以及母鸡为产蛋进行的工作。大约三周后，小鸡就会啄开它的保护壳，破壳而出，来到这个美丽的世界。

母鸡和其他所有产卵雌性动物一样，会不断地释放卵子，即使周围没有雄性动物使之受精。一只勤劳的母鸡平均每年能够生产出两百多个鸡蛋。

产蛋会给母鸡造成危害吗？或者说，产蛋是不是和吃完十几颗西梅后排便一样简单？一些鸡农说，生产一颗巨蛋会让母鸡很不舒服。专门研究鸡蛋的专家表示，相比大号或特大号的鸡蛋，中号鸡蛋给母鸡造成的压迫感相对较小，且口感更佳。因此，请告诉你的家长，鸡蛋并不是越大越好。

课外实验

长时间放置的鸡蛋

你知道吗？你可以将鸡蛋置于水中，通过观察鸡蛋的变化，进而推断出鸡蛋的年纪。自己动手试一试，你就知道了！

- 碗
- 一颗新鲜鸡蛋（检查包装盒上的生产日期，或直接从附近的农场购买一颗鸡蛋）
- 水
- 照相机或铅笔和笔记本

1. 首先，做出一个假设。如果将一颗新鲜鸡蛋放入装了水的碗中，它是会浮出水面还是沉入水底？当鸡蛋放置一段时间后，会出现什么变化吗？

2. 取一个碗，在碗中倒入一些水，然后轻轻地将鸡蛋放入碗中。请仔细观察，给鸡蛋拍个照或在你的笔记本上手绘一张草图，然后把碗中的水倒掉。把鸡蛋和碗放回冰箱，一周后取出。请记得将正在进行实验的这个鸡蛋做好标记，以免其他人不小心吃掉这个鸡蛋。

3. 一周后，取出鸡蛋，重复浮力测试。请再一次记录实验结果，然后将鸡蛋放回冰箱。

4. 倒掉碗中的水，将鸡蛋再放两周。每周进行一次实验，持续数周。

刚刚发生了什么

鸡蛋的浮力为什么会随着时间的流逝而变大？随着鸡蛋的新鲜度降低，空气会慢慢通过微小的气孔进入蛋壳，水分则慢慢流失。一段时间后，鸡蛋中形成的气泡就会越来越大（通常位于鸡蛋较大的那头）。一颗新鲜的鸡蛋会沉入碗底，一般会横卧在水中，这是因为鸡蛋中含有的空气不多。放置大约一周的鸡蛋还是会沉入碗底，但是，较大的一端会轻微上移，很可能会在水中站立起来，这是因为鸡蛋中形成了一个小气泡。放置大约三周的鸡蛋会稳稳地竖着悬浮在水中，较小的一端在下，较大的一端在上，这是因为鸡蛋中已经形成了一个大气泡。如果鸡蛋漂浮在水面上，这表明鸡蛋中的气泡已经非常巨大，你的鸡蛋放置的时间已经太长了。请扔掉它！除非你喜欢闻臭鸡蛋的气味。

我误信了错误观念

蛋在昼夜平分时

每年的3月21日和9月21日前后，会出现白昼和黑夜几乎一样长。据说在昼夜平分这天，你能够让鸡蛋站立不倒。如果你想试一试这个特别的传说，祝你好运！如果成功了，那么在一年中的任意一天，你也许都能使这颗鸡蛋站立起来，因为鸡蛋能不能站起来，取决于这颗鸡蛋的形状。

今天的早餐想要吃颗蛋，为什么不尝试一下除了鸡蛋之外的其他蛋呢？你可以炒几个鸭蛋，或者尝尝鸵鸟蛋怎么样？一颗鸵鸟蛋的重量就能达到2000克，差不多够10个人吃了！你早餐只想吃一小口？那就来一颗鹌鹑蛋吧！它大概相当于一颗鸡蛋的四分之一。

除了鸟类的蛋，世界上还有很多别的蛋类。

一大勺堆得高高的生鱼子听起来怎么样？你可能会觉得不好吃？对于某些人来说，鱼子可是他们梦寐以求的美食。某些品种的鱼子被人们视为珍馐美味，价格十分昂贵，例如鱼子酱。事实上，最奢华的鱼子酱，区区453克的售价就超过了20万元。所以，你最好现在就开始存钱。鱼子酱为何会如此昂贵呢？真正的鱼子酱只来源于一种鱼，那就是生活在俄罗斯的野生鲟鱼。雌性鲟鱼先会排出大量卵子，雄性授精后形成受精卵，繁殖过程就开始了。但是在排卵之前，所有那些小颗的未受精鱼子都安全地依偎在母体鲟鱼的生殖器官中。如果你从一只刚刚捕获的鲟鱼身上取出一勺未受精的鱼子，你就可以享用这种叫作“鱼卵”的美食了。加入一点点盐，将这些极好的鱼子腌制成鱼子酱放在一片烤面包上，配上一些生洋葱，你就可以尽情享用这份极度奢华的鱼子酱大餐了！

鱼子酱也不是唯一可以生食的卵子。蛇卵、蛙卵、蜗牛卵或鳄鱼卵……你几乎都可以食用——但是，想要从这些妈妈身上取卵是非常危险的，祝你好运吧！

一顿极度奢华的大餐！鱼子酱453克的售价能够达到20万元。

如果你想在位于东南亚的老挝点这道菜的话，我告诉你，它的正式名称是：Gaeng Kai Mot Daeng。食谱是什么呢？首先，需要弄到大量蚂蚁幼虫和半成熟的蚂蚁胚胎。然后加入一些西红柿、洋葱以及几大把蚂蚁幼虫来调味。最后，加热。接下来，开始享用吧！

亚马孙河流域的印第安人一想到可以大吃一顿丰盛的狼蛛卵早餐就会口水直流。当然，首先需要从狼蛛的腹部将卵取出来，在这方面他们有自己的诀窍：他们用树叶裹住双手，防止被狼蛛的倒刺刺伤，然后将卵子挤出来，用树叶包住卵子，放在火上烤熟。

很久很久以前，某个幸运的家伙偶然在一个盐水坑里发现了一个放了很久的蛋。他尝了尝，“味道还不错！”自那时起，中国人一直尝试改造这种非凡的食物。它的制作方法非常简单：取一个蛋，用黏土、生石灰和盐将它包裹起来，放在密封容器中埋在后院。等到几个月后你会发现：盐竟然将蛋很好地保存了下来，而不会腐烂。不过，蛋黄会变成深绿色，闻起来有一股类似臭鸡蛋的硫味。一提到硫，人们就很难激起食欲了！

课外活动

变软的鸡蛋！

下面，我们就来尝试一下如何去掉蛋壳而不把它弄破吧！

活动器材

- 3 到 6 个生鸡蛋或直接把冰箱里剩下的鸡蛋全部拿出来
- 洗碗皂
- 1 个玻璃或透明塑料容器，可以容纳你的鸡蛋和醋即可
- 3 到 4 杯白醋（可以没过你的鸡蛋即可）

1. 用洗碗皂把鸡蛋洗干净。这样可以把鸡蛋壳和你手上的任何有害的细菌——尤其是沙门氏菌——冲洗干净。

2. 取出一个容器，倒入一些醋，在容器顶部预留 25 毫米的空间。

3. 小心翼翼地将鸡蛋一个一个地放入容器内，注意不要弄破鸡蛋壳。

4. 如果可以的话，请再多倒入一些醋，使鸡蛋全部没在白醋中。

5. 仔细观察，鸡蛋有没有发生什么有趣的变化？

6. 将容器放入冰箱里。

7. 每天查看几次鸡蛋的情况，一直持续数天，记录鸡蛋所发生的变化。

8. 2 天后，用手触摸鸡蛋，鸡蛋变软了吗？取出一颗鸡蛋，轻轻地握在手中。鸡蛋壳发生了什么变化？

刚刚发生了什么

鸡蛋壳的主要成分是碳酸钙，这种化学物质在空气中会硬化，变成固体。当将它放入一种酸性物质（例如本活动中的白醋）中，碳酸钙就会分解成钙离子和碳酸。钙离子会在水中自由移动，而碳会与氧结合形成二氧化碳。整个软化的过程可能需要几天，不过当你将鸡蛋放入醋中的那一刻，应该马上能够看见蛋壳上形成的二氧化碳气泡。

几天后，如果鸡蛋上仍然残留有少许的鸡蛋壳，你可以将鸡蛋放入一个新的装了醋的容器中，一天后，鸡蛋壳就能完全去除了。

鸡蛋为什么没有变成黏稠的一团？如果你剥过水煮蛋，就会知道鸡蛋的蛋壳内还有一层薄薄的膜。如果这颗鸡蛋受精后由母鸡进行孵化，那么这层薄膜就非常重要。因为这层薄膜（以及蛋壳上的气孔）能够使正在形成的小鸡接触到空气。如果鸡蛋未受精，那么即使在没有蛋壳的情况下，薄膜也能将所有黏糊糊的物质维系在一起。你家里的鸡蛋很可能都未受精。接下来，进行下一个实验，检验一下水是如何悄悄潜入这层薄膜的。让我们制作一些来自火星的鸡蛋吧！

想要成为一名鸡蛋专家，专门研究与鸡蛋相关的所有事情吗？下面就会介绍一些有关鸡蛋的知识，让我们一起了解一下吧。

是否自由散养？

鸡蛋推销员想出了大量精美的广告语，印在鸡蛋包装纸盒的显著位置。但是，一些批量生产的鸡蛋养殖户却没能善待他们的母鸡。当然，也有一些养殖户致力于为他们的母鸡创造一个幸福的生活环境。所以，当你在选购鸡蛋时，请在包装盒上寻找这些词汇：放养、自由散养以及有机认证。最好的鸡蛋应该是产自当地农场或牧场养殖的母鸡。这样的话，你也许可以去亲自认识一下母鸡妈妈了！

鸡蛋是生的还是熟的？

把鸡蛋快速旋转一下，你就知道了。熟鸡蛋能够轻松地旋转。而生鸡蛋中的那些稀泥状的液体会使它摇摆不定。

红皮鸡蛋还是白皮鸡蛋？

这两种鸡蛋的营养都是一样的！不同品种的母鸡所下的鸡蛋会拥有不同颜色的蛋壳，就是这么简单！

蛋黄上的血点？

这是犯罪现场吗？不可能，这只不过是鸡蛋形成时一根细小血管发生了破裂造成的。如果你觉得有点恶心，把血点抠下来就可以了。

来自火星的鸡蛋！

水分和营养物质在渗透作用中能够穿过鸡蛋的半透膜。（半透膜的意思是一些物质能够穿过而另外一些物质却不能穿过。这层薄膜就像是一位挑剔的守门员，只允许好东西进入。）让我们观察一下这层半透膜是如何起作用的，同时制作一些畸形的怪蛋吧！

- 勺子
- “变软的鸡蛋！”活动中制作的几颗鸡蛋
- 罐子
- 玉米糖浆
- 洗碗巾
- 食用色素

1. 做出一个猜测，当你把上一个活动中变得湿软的鸡蛋放到一些玉米糖浆中后，会发生什么呢？鸡蛋会突然破裂吗，还是会收缩，又或者它们只会静静地待在原处，没有任何变化？

2. 用一个勺子小心地将上一个活动中“变软的鸡蛋”取出，放在一个盘子上。

3. 将罐子中的醋倒进水槽，然后将罐子洗干净，并用洗碗巾擦干。

4. 往罐子中倒入半罐的玉米糖浆。

5. 加入几滴带颜色的食用色素。红色很适合火星，因为火星是红色的。绿色很适合制作小小的绿色外星怪蛋。如果你有多余的罐子，你可以用任何你喜欢的颜色多制作几颗蛋。

6. 把鸡蛋放入罐子中，如果鸡蛋没有完全浸没在玉米糖浆中，请再倒入一些玉米糖浆，然后把罐子放入冰箱。

7. 一两天后，用勺子把鸡蛋舀出来，冲洗干净。然后把鸡蛋握在手中或放在盘子上观察一下。它们看起来奇怪吗？用它们去把你的家长吓晕几分钟吧！

刚刚发生了什么

是什么物质使你的鸡蛋发生了皱缩？要知道，鸡蛋周围的薄膜能够允许水分和气体进入鸡蛋内，但是它们不会给其他的物质放行。当薄膜的内外两侧出现了不同比例的水分和其他物质，就会发生渗透作用。玉米糖浆中含有大量的糖分和极少的水分，而鸡蛋中含有大量的水分和极少的糖分。将玉米糖浆和鸡蛋放在一起，就会形成一个浓度梯度。如果用一种更特别的方式来表述，也就是说，相比鸡蛋的水分中所含的“物质”，玉米糖浆的水分中所含的“物质”（在我们的例子中，“物质”指糖分）更多。从本质上讲，这种“物质”叫作“溶质”。水分和溶质（例如糖）经常会相互抵消。水分会从溶质浓度低的区域（鸡蛋内部）流向溶质浓度高的区域（糖浆），直到每个区域的水分和溶质的比例达到平衡。于是，一个皱缩的含水量很低的鸡蛋就形成了。食用色素也能穿过薄膜，所以鸡蛋和玉米糖浆最终都上色了。

如果把鸡蛋静置在玉米糖浆中更久一些，会发生什么呢？我们把其中一个鸡蛋遗留在冰箱长达三周之久，请观察一下它的皱缩情况。如果你把这个鸡蛋再放到一个装满纯净水的罐子中，又会发生什么呢？试试看结果如何吧！

在大自然中，有蛋的地方通常就有巢。在这里，我们要探索的不是那些用草或树枝整齐搭建而成的可爱小窝，而是一些奇奇怪怪的恶心的小窝。蛛蜂产卵的地方，是用残破的蚂蚁尸体做成的令人作呕的巢！如果我们前去由干透的鸟类口水制成的巢穴中逛一逛，那该多么好玩啊！这些口水窝是由一种特定的鸟类制成的，即金丝燕。东南亚有一道叫作“燕窝羹”的美味佳肴，备受人们的喜爱，它的主要原材料就是口水窝。

也有一些动物不需要巢穴。王蝶会把它们的卵直接产在树叶上，通常会产在乳草属植物的树叶反面。有一种后颌鱼，雌性后颌鱼会把几千枚卵子放在雄性后颌鱼张开的嘴巴中，直到卵子孵化出来。

战争和鸡蛋有何关联呢？你知道吗？以前间谍们曾经利用鸡蛋来传递机密信息！速记式加密是一门书写幽灵信息的艺术（幽灵信息是指不易被看见的信息）。据说，乔治·华盛顿派出的间谍把几种能够渗入蛋壳的化学物质混合起来，然后使用该混合液把机密信息书写在水煮蛋的蛋壳上，等渗透完成后，这些鸡蛋看起来就和普通鸡蛋没什么两样。但是当鸡蛋剥壳后，就能看见印在鸡蛋上的信息了。于是当各处的英国士兵都在防范用一盒日用品或一个午餐袋来传递机密信息的时候，用鸡蛋传递信息便成为瞒过英国检查点传递信息的一种主要方式。谁会想到最高机密信息会藏在十几个鸡蛋里呢？

速记式加密至今已经存在数千年了。古希腊人知道有一种植物，它的汁液干燥后就会看不见了，直到加热才会重新显现出来。

古代中国人也有一个很好的瞒天过海的招数。他们把密信写在小条的丝绸上，把它们卷成小球，涂上一层蜡。然后，信使就会吞下这个蜡球，赶去见特定的收信人，一到目的地就把信件以粪便的形式排出，找出蜡球，然后成功交给收信人。但是，相比需要在一堆粪便中戳来戳去才能找到那个机密信息，毫无疑问，乔治·华盛顿的间谍们使用鸡蛋传递信息的方式更容易一些！

如果“难吃的蛋黄”一章中介绍的恶心之物还不足以令人震惊，那么请准备好在下一章吓得惊慌失措吧！我们保证让你毛骨悚然。

电力

仔细想想，电力在你的日常生活中有着怎样的用途？你能不能生活在一个没有电的世界？没有电视！没有电脑！没有电子游戏！没有电灯！没有电冰箱！不许作弊——也没有电池！所有将启动/关闭电源开关视为理所当然之事的大肆挥霍电力的人，请准备好大吃一惊吧！

你刚刚听见了轰鸣的雷声。不久之前，你还看见了一道道白色“之”字形的光线划过天空。这就是闪电。闪电究竟是什么？也可以理解为大量的静电瞬间被释放到了大气中。在一个严寒的冬日，当你从干衣机中取出衣物时，发现你的袜子吸附在你的衬衫上，这是因为袜子刚刚经过大量摩擦，释放了静电到空气中。你觉得37.7摄氏度的夏日已经很热了吗？这些闪电的温度能够超过27760摄氏度——有些闪电的温度甚至超过了太阳表面的温度。闪电的规模也很大吗？那还用说！最大规模的闪电的长度能够达到160千米。仅在美国，闪电每年出现的次数就达到了2500万次左右。

闪电无疑是非常危险的事物，但是，捕捉闪电并用来发电是一项非常了不起的事业！

电力二重奏

我们日常生活中常见的电主要分为两种：一种是能够使你的毛发竖立起来的静电；另一种是能够为你的冰箱运行提供动力的电流。闪电则是大量静电突然被转化成了短脉冲的电流。就在此刻，你的身体周围就存在少量的静电。但是，如果想要全面地理解静电的概念以及你妈妈的紫粉色袜子为什么能吸附在你的毛衣上，我们还需要探究一下原子的内部结构。

无处不在的"原子"！

你了解原子吗？它是构成宇宙中万事万物的最小微粒。不过原子也是由一些更小的粒子组成的。现在，让我们运用"缩骨功"，缩小到微小的尺寸，进入原子一探究竟吧。瞬间——你已经变成原子粒子的尺寸了。等等！你要去哪里？

原子核中带正电的质子

当你走进原子的中心，你就可以看见这里有一团模糊的物质，这就是原子核。原子通常由三种亚原子粒子构成，在原子核中你可以找出其中两种。第一种是质子。原子所含的质子数赋予了每种原子的独特性。例如，如果一个原子只包含1个质子，它就是氢原子。如果一个原子中包含了8个质子，那它就是氧原子。如果是多达79个质子呢？宝贝，那是金原子。质子带正电荷。正电荷不喜欢和其他正电荷一起玩耍。事实上，它们总是想要尽量远离彼此。所以，原子中必须有一种物质将它们维系起来……

请用你的想象描绘出这个不可能存在的场景：一个超级杯赛场大小的巨型原子。现在，在赛场的中心放一粒豌豆。豌豆将代表原子核，原子核将容纳原子所含的全部质子和中子。那电子呢？电子的大小相当于食盐颗粒，它们一般在离赛场中心最远一排座位的附近翩翩起舞。原子中的大部分是真空区，从这点看，有点像我们的太阳系：一个硕大无比的太阳（相当于原子核）位于太阳系的中心，然后是一些微小的行星（相当于电子）在非常非常遥远的地方围绕着太阳运行。（和行星不同，电子不会沿着可预测的轨道运行。）现在，在你的脑海中将整个足球赛场缩小成一个极小的颗粒，这个颗粒非常之小，以至于用高倍显微镜也有可能是看不见的。要知道，这还是一颗原子！由此可以想象，电子究竟有多小！

整天无所事事的中子

原子的第二个组成部分是中子——也存在于原子核中。中子的形态类似质子，只不过它们不带电荷。我们将它们称之为“中性物质”。有些人也许会将它们视为原子中无聊透顶且无足轻重的组成部分。大错特错！中子充当着胶水的作用，将所有那些想要彼此远离的质子维系在一起。你可以将它们视为负责将坏脾气的牛群聚拢起来的牧牛工。

无法安静地坐着的电子

原子的第三个组成部分——那些散漫而疯狂的电子。相比质子或中子，电子的体积更小且重量更轻。另外，这种极小的物质不喜欢待在原地。电子带负电荷，总是环绕着原子核不停地移动，就像是夏日傍晚围绕着炽热电灯泡不停俯冲轰炸的虫子。电子的作用就是抵消质子所带的正电荷，并使不同的原子彼此相连。

一般说来，质子和中子整天都会待在原子核内，从来不和其他原子玩耍。但是，电子喜欢东奔西跑，拜访其他的“邻居”，有时甚至会从一个原子跳到另一个原子上。事实上，为我们的电视和电脑提供动力的电流正是如此运动的。电子会沿着一根金属线从一个原子移动到另一个原子上。任何需要插电或装电池的东西（洗衣机、手机、遥控装置等）都是依靠电流运行的。

当一个物体带有的电子过多或过少时，就形成了“静电”。因为电子并不是朝着一

静电跳高

质子和电子带有相反的电荷：正电荷和负电荷。在自然界中，就像是相互吸引的异性或是像好朋友一样，它们总是想要彼此靠近。在本次探索中，你将利用这种吸引力形成的静电荷，让小块的纸片跳起来——你甚至不需要用手触碰纸片！

- 纸张
- 剪刀
- 木质铅笔
- 棉布衬衣
- 头发
- 两个充了气的气球

1. 将纸张剪成碎屑大小的小纸片。（纸片大小稍有差异是没关系的。）最简单的方法是，你可以先将纸张剪成细长的纸条，然后再将细长的纸条剪成小纸片。将小纸片全部堆放在桌面上。（如果部分纸片压住或触碰到了其他纸片也没关系。）

2. 用木质铅笔使劲摩擦棉布衬衣大约 20 秒。

3. 手握铅笔，置于小纸片上方 15 厘米的位置，然后慢慢将铅笔往下移，直到几乎触碰到纸片。发生了什么？纸片会有怎样的反应呢？

4. 试试另外一个组合：用木质铅笔摩擦你的头发大约 20 秒，然后重复步骤 3 的实验。

5. 是时候转换实验材料了。取一个气球，用它摩擦棉布衬衫大约 20 秒。

6. 手握气球，置于小纸片上方 15 厘米的位置，然后慢慢将气球往下移，直到几乎触碰到纸片，仔细观察纸片的变化。

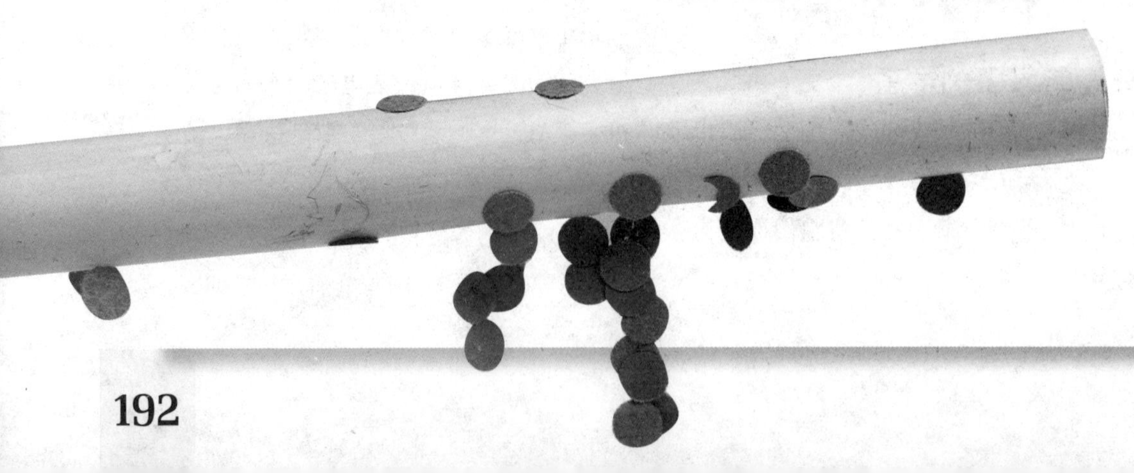

7. 试试另外一个组合：用气球摩擦你的头发大约 20 秒，然后重复步骤 6 的实验。

8. 接下来，取两个充了气的气球，用它们摩擦你的头发，然后用手握住它们系绳子的那头。它们会吸附在一起吗？亦是，它们会相互排斥吗？

刚刚发生了什么

当你用与头发摩擦过的气球靠近纸片时，它们会像炫酷的跳高运动员一样跳到气球上。但是，其他一些组合的表现就一般了。木材和棉布都不是很好的电子导体。气球和头发的组合中，头发趋向于释放出电子，而乳胶——气球的主要原材料——能够获得电子。当你用气球摩擦头发后，气球获得了大量多余的电子，此时气球所含的电子远远超过质子。这就是静电形成的全部条件：正电荷和负电荷的一种不平衡状态。正如相反磁极的两块磁铁相互吸引一样，负电荷的电子和正电荷的质子也是如此。当你下移气球靠近纸片，纸片中的质子就会被气球中多余的电子吸附。吸引力如此之强，以至于小纸片克服了重力作用，跳离了桌面！

现在，让我们来解释一下两个气球的实验原理：要知道，气球会从和头发摩擦的过程中获得电子，所以它们现在都带有负电荷。正如异性会相吸，同性则会相斥。回想一下，是不是无论你怎么努力尝试，都无法将两块磁铁磁性相同的一端挨在一起？同样的，带负电荷的气球也会彼此保持距离。如果你想搞清楚为什么你用气球摩擦头发后你的头发能够竖立起来，继续往下读！

这个家伙的头发中充满了质子。

个特定的方向移动的，因此电荷会保持相对静止。但是，如果将它们靠近某个带有相反电荷的物质甚至是中性的物质，当距离足够近时，电子就会跳到空气中！如果你此时用手触碰门把手，就会形成火光或“闪电”！

你有没有这样的经历：冬天，你从脑袋上取下一顶冬帽，然后发现你的头发全部竖立起来了？在一般情况下，你的头发拥有相同数量的电子和质子，头发丝的正负电荷量达到了一个平衡且完美的状态。（虽然如此，你依然可能产生凌乱不堪的发型、头皮屑或虱子，那又是另外一回事了。）但是，一顶毛线帽或羊毛帽会将你头发中的电子“偷走”，于是你的头发中剩下的质子多过电子，也就是说你的头发现在带正电。请记住：相反电荷相互吸引，而相同电荷相互排斥。每根带正电的头发现在都想尽量远离彼此。这种电荷的排斥力量非常强大，足以使每根头发远离它附近的头发，使你的头发全部竖立起来。它能使头发瞬间带电，根本不需要任何卷发棒或凝胶！

在冬天，如果你用手触碰一个门把手或汽车车门，你可能会大吃一惊。下面就让我们来详细阐述一下发生了什么吧！想象一下，你正穿着袜子走在一张地毯上。当你的脚与地毯摩擦，袜子就会从地毯中获得一些电子。电子开始在你的脚部不断

聚集，然后遍及你的全身，将你变成一个可以行走和说话的电子储存箱。电子们时刻都渴望着冒险——一次说走就走的旅行。那个金属门把手就是门票。当你用手触碰金属门把手，所有的电子就会蜂拥而出，快速地释放你体内的静电。电子的数量太大了，于是发生了“触电”。你甚至可能看见这道极小的闪电！

天空中闪电的发生也是一样的原理，只不过规模更大。当然，云层中没有可以与地毯相互摩擦的小号羊毛袜。不过，云层中含有大量可以和冰晶相互摩擦的过冷水滴。没有人知道确切的原因，但是摩擦可以造成大量电子被困在云层底部。因而闪电也是一种数量巨大的静电。云层带负电荷，但是地面不带！起初，空气会像一堵墙一样将所有的正负电荷分离开来，但最终，电子会径直冲向地面。当电子向下俯冲，地面就会升起正电荷。当两者相遇，一个回击力就会返回天空。这就是你看见的闪电。正负电荷相遇释放的能量使空气大幅升温，于是，天空中出现了一道闪亮的光线。闪电就这样形成了！

如果你的指尖能够发射电流，那该多酷啊？好吧，如果你是一只电鳗（而且……嗯……你有手指），你就可以做到。当然，你浑身都会变成灰绿色的，而且黏糊糊的。严格说来，你甚至都算不上一条鳗鱼。（事实上，你是一种长约2米的巨大的长刀鱼，是鲇鱼的“亲戚”。）但是，嘿！你滑溜的身体能够产生高达600伏特的电流（足够击倒一匹马），我敢打赌肯定再没有人敢招惹你！但是，伏特究竟又是什么呢？让我们用一个可笑的、毛茸茸的类比来阐述一下吧。

电流是指电子的运动或流动。电子的流动通常是通过一根金属线来完成的，因为金属拥有极佳的导电性。但是，现在让我们将那些散漫而疯狂的电子想象成一群

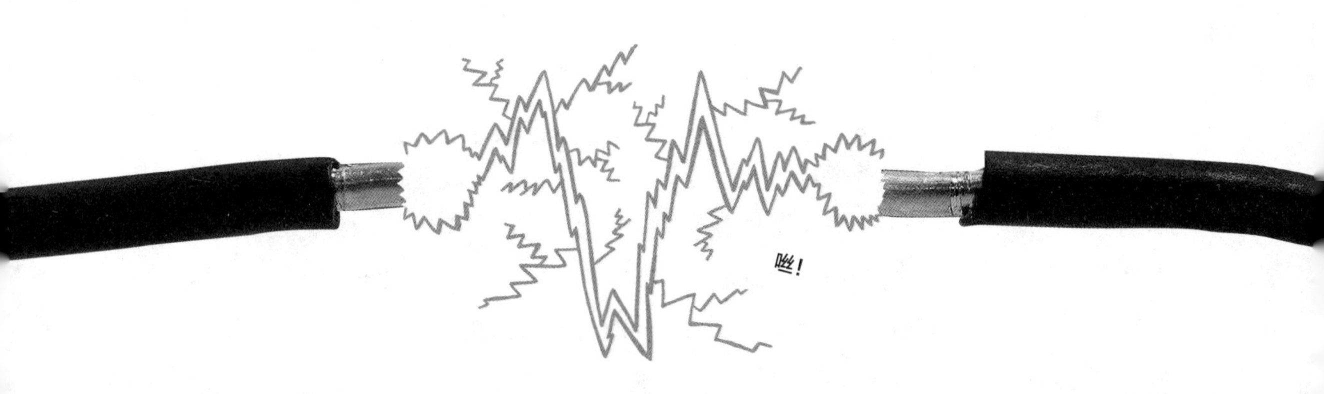

闪电在此!

在希腊神话中，天神宙斯会朝他的敌人投掷闪电。你想要亲手制作闪电吗?那就加油吧!制作闪电的过程一定要注意安全。

- 黑暗的房间
- 橡胶手套(例如，你用来洗碗的手套)
- 充了气的气球
- 一颗头发浓密的脑袋，或一块毛皮或羊毛
- 金属物体(铸铁锅或不锈钢平底锅即可)

1. 尽量将房间弄暗，越暗越好。(将窗帘拉下来，关掉电灯。)

2. 戴上橡胶手套，然后用这只手拿着气球。

3. 用气球剧烈摩擦你的头发(或毛皮或羊毛)大约1分钟。请小心，不要让气球触碰到任何别的东西，直到你准备好开始下一步骤……

4. 将气球刚刚摩擦过的部位靠近一个金属物体。选个适当的位置站好，等待见证碰撞的瞬间。(你肯定不愿意被气球挡住视线。)当气球非常靠近金属物体，你应该能看见并听见一道迷你闪电!

请实验如何才能制作出最好的闪电。哪种材料(头发、毛皮或羊毛)能够制作出最令人印象深刻的冲击力?当你的气球距离金属物体多近时，静电放电才会发生?哪种金属的实验效果最好?

毛茸茸的受了惊吓的狐猴。它们偶然离开了马达加斯加岛，来到了你的学校。它们像发了疯似的跳来跳去，想要进入你们的教室，而你们的教室位于一条长长的走廊尽头。这群在走廊里奔跑的狐猴就像是电线中川流不息的电子。那么，请记住：奔跑的狐猴=川流不息的电子。明白了吗?

狐猴要来了：电流

你正站在教室门口，看着狐猴们一步步靠近。走廊里涌入了多少只狐猴，它们的移动速度如何?单位时间内通过导体的电子(狐猴)数量叫作“电流”。也就

刚刚发生了什么

当你用气球摩擦头发、毛皮或羊毛时，气球会从其他材料中偷走电子。这种不平衡使气球产生了静电。(现在，某个地方聚集的电子数过多，就像暴风雨期间的云层。)这些电子就被困在了那里。另外，由于橡胶不导电，你的橡胶手套迫使电子无法转移到你的体内。当你将气球靠近金属物体，电子就能够跳到空气中，形成肉眼可见的闪光——迷你型闪电。

如果你的房间里过于潮湿，本次探索可能就达不到理想的实验效果了。这是为什么呢？因为水的导电性极佳，这也是你绝对不能在雷雨天去游泳的原因。相比干燥而凉爽的空气，温暖而潮湿的空气中含有更多的水蒸气。如果空气潮湿，电子就会借气球进入到空气中的水蒸气中，而不是聚集在气球上，静电不能持续积累到一定量，就无法形成闪光。

相当于每分钟有一只狐猴沿着走廊漫步然后进入你的教室，还是每秒钟20只狐猴冲向你。你能想出为什么大量电流很危险吗？这么跟你说吧，如果每秒钟500只狐猴一起冲向你，它们就能将你所在之处夷为平地！电流也是如此。强电流非常危险。顺便提一下，我们衡量电流的单位是“安培”。

狐猴正在跳跃：电压

哦，天哪，那些狐猴（嗯哼……电子）！它们在房间里蹦来蹦去。对你影响更大的是——一只狐猴会不小心撞到你；

一个人被闪电击中的概率很低。（在你的一生中，被击中的概率大概是1/3000。）但是，每年都有成百上千的人死于这些嘶嘶作响的闪电所释放出的可怕力量。有些人得以幸存下来，却还有可能再次被闪电击中。例如一位名叫罗伊·沙利文的倒霉的美国公园管理员，在短短的35年间，他被闪电击中了7次之多，于是被授予了“人体避雷针”的称号。要是他遵守了下列规则……

1. 赶到室内！ 这就是说，你应该待在一个密闭的建筑或汽车内。走廊、野餐小棚或帐篷是无法保护你的。

2. 待在室内！ 从你听到最后一声雷声起，在室内继续等待30分钟再出去。

3. 不要泡澡或淋浴！ 在强风暴期间，水能够导电，电子能够穿过水管，最终使你受到电击。

如果你只能待在户外并且无处可藏，那又该怎么办呢？

1. 蹲下来， 最好蹲在一个小沟里。在暴风雨中，你绝不要成为最高的物体。

2. 远离树木！ 绝对不要待在孤零零的一棵树下。一般说来，闪电会击中该区域最高的物体。

3. 请勿倚靠金属栅栏。 和水一样，金属的导电性也极佳。

4. 不要待在水中！ 如果你正在游泳或划船，请马上回到岸上！

还有一只会爬上你的课桌；一只狐猴扑到你身上……如果你站在教室外，可能会有一只狐猴突然从九层高的屋顶跳到你身上，简直惨不忍睹！到处乱窜的电子也是如此。电压（衡量单位是“伏特”，或简称“伏”）是指电子形成的压力，高电压的要比低电压的压力和推力大得多。从九层楼跳到你身上的狐猴将把你压成一块肉饼！在电力方面，电压越高，闪电的危害就越大。

在家里找出一些不同型号的电池，看一看它们的电压。你可能会注意到，五号电池上写着1.5伏。这个电压很小！我们接下来的活动“黏糊糊的电路”中使用的是9伏的电池。9伏的电压仍然不是很高，

带高压的电鳗无法成为一个很好的宠物。

但已经足够进行实验了。如果你曾经看见过一个标识牌，上面写着“高压危险！”，请格外注意，这可不是闹着玩的——高压意味着更多的电流。如果你不小心触摸到一根高压电线，那感觉就像是5万只狐猴同时落到你头上——你就彻底玩儿完了。

阻止那群狐猴：电阻

你受够了那些鲁莽的狐猴。在你彻底“心力交瘁”之前，你决定关上你的教室门。你正在“抵抗”那群不断涌入的狐猴。这种行为的正式的电力名称是：电阻。一些材料能够更好地阻止电力的流动，例如橡胶或塑料。正如紧闭的大门能够阻止那些讨厌的狐猴冲进教室，橡胶和塑料拥有较高的电阻，是极佳的绝缘体。另一方面，金属线拥有较低的电阻。它们就像一扇完全敞开的大门，是极佳的导体。你也能拥有中等数量的电阻，就像你将门稍微打开一个小口子，于是，每次只有几只狐猴（电子）能够挤进教室。

电阻的衡量单位是“欧姆”。所以，既然你已经成为一位狐猴专家（哎呀，我们是指电力专家），就让我们一起接受电击的“考验”吧。

现实生活中的狐猴也会跳跃。

课外活动

黏糊糊的电路

很多人认为，电流只能流经电线。但事实上，电流——比如闪电——也能够流经其他事物，例如水或空气。它还能经过黏糊糊的东西，例如本活动中黏糊糊的面团！这个面团包含大量的食盐，能够允许电流通过。同时，你还要制作一个不能导电的面团，然后将它串联起来形成一个电路，“让这里光芒四射”！“黏糊糊的电路”的制作方法和理念来自圣托马斯工程学院几位了不起的教员。

- 一位乐于助人的成年人
- 中号烹饪锅
- 搅拌勺或小铲
- 1 杯半面粉
- 1 杯水
- 1/4 杯食盐
- 3 汤匙的塔塔粉（或 9 汤匙的柠檬汁）
- 1 汤匙的植物油
- 砧板或揉面的台面
- 任何颜色的食用色素

1. 取一个中号烹饪锅，加入 1 杯的面粉以及全部的水、食盐、塔塔粉（或柠檬汁）和植物油，搅拌均匀。

2. 将锅置于炉子上，开中火，继续搅拌，直到混合物开始变得浓稠，形成块状，整个过程大约 3 到 5 分钟。记得刮擦平底锅的底部。

3. 当混合物开始在锅的中心形成一个球时，就可以关火了。让面团在平底锅中自然冷却 5 分钟。

4. 将剩下的 1/2 杯面粉撒在你的砧板或台面上。

5. 待面团足够冷却后，将它倒在撒了面粉的台面上，不断地揉捏，直到台面上的面粉被全部揉进面团中。

6. 将面团分成几份，在每份面团中分别加入几滴你选择的几种颜色的食用色素。将颜色揉搓均匀。

将几种颜色的面团分别放入专属的袋子（或密封容器）中。面团上可能出现几滴冷凝形成的水珠。当你需要使用这个面团时，将水珠重新揉进面团即可。将面团放入冰箱中，数周甚至更久后，这些面团依然能维持原状。

活动器材

- 1 杯半面粉
- 1 杯半白糖
- 3 汤匙的植物油
- 1/2 杯水

1. 取一个碗，倒入 1 杯面粉、全部的白糖和植物油，搅拌均匀。每次加入几茶匙的水，一边加水一边搅拌，直到面团变得黏糊糊的。你可能不需要将 1/2 杯水全部用完，也可能需要更多的水。

2. 将剩下的半杯面粉撒一些在面团上，用双手揉搓，直到将面粉全部揉进面团，面团就不会再这么黏糊糊的了。

3. 将面团储存在塑料袋中，然后放入冰箱，待使用时再取出。

活动器材

- 一块导电面团
- 一块绝缘面团
- 1 个或多个 3—5 毫米的 LED 灯，任何颜色均可（你可以去当地的电子产品商店或网上购买）
- 1 节 9 伏的电池
- 1 个 9 伏电池适用的电池扣或一个能容纳 3 节五号电池的电池组，只要电池组里有正负极引线即可。你可能在一个旧玩具中找到一个这样的电池组你注意到了吗？ electrical circuit（电回路，简称“电路”）中的 circuit（回路）一词的读音很像 circle（圆圈）一词。这并不是偶然。想要让一个 LED 灯正常工作，你需要制作出一个圆圈一样的电路——电流通过一根电线从电池的一端流到灯泡中，然后通过另一根电线流回电池。不过，这个活动中我们不使用电线，而是用黏糊糊的面团！请先阅读注意事项，然后再开始本活动。

当电池插入电池扣后，请千万不要再将电线的两端触碰到一起，不然会导致电池短路，同时电池会变得异常发烫。当你不使用时，请记得将电池从电池扣上取出来。如果作为你助手的成年人有钳子，可以请他将一根电线剪得比另一根稍短一些，然后将电线外的绝缘材质剥掉一些，露出下面的金属丝。长度不同时，正负电线偶然触碰的概率就会降低。

千万不要将 LED 灯直接接在 9 伏电池上。当电池接通电池扣后，也不要将 LED 灯直接接通电池扣的两端。来自电池的电力很强，能够瞬间烧坏你的灯泡。不过，面团具有足够的电阻力，能够减缓电力的速度，于是，LED 灯会被点亮而不是爆裂。

1. 取出一部分的导电面团，将它揉成两团。

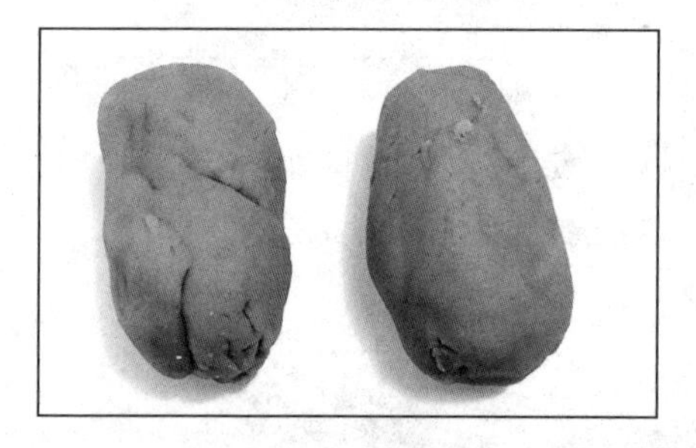

2. 接下来，拿出 LED 灯，仔细观察。你应该能够注意到，LED 灯中伸出了两条金属电线，被称为“引线”。一根引线稍长于另一根引线。通常，这根较长的是正引线，另一根较短的是负引线。LED 灯非常吹毛求疵，只有当电力从正极流向负极时，它们才会被点亮。所以，你需要进行实验，搞清楚哪个方向的电流才能点亮灯泡。

3. 将引线弄弯，弄成下图的 LED 灯形状。

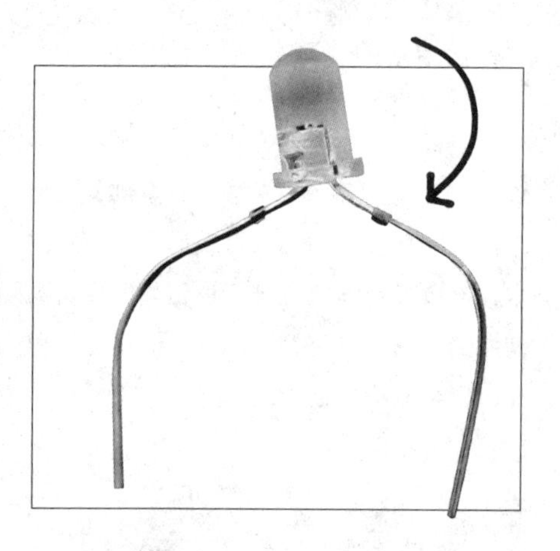

4. 将 LED 灯的两根引线分别插入一块面团，使 LED 灯与面团“接通”。不要让两块面团接触到一起。

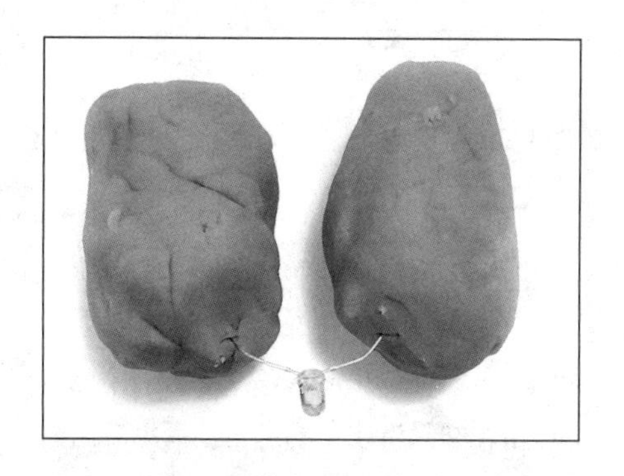

5. 将 9 伏电池扣到电池扣上。（这可能是本实验最难的步骤——将电池的大突起物与电池扣的小突起物连接起来。如果你需要帮助，请一位成年人帮你完成。）

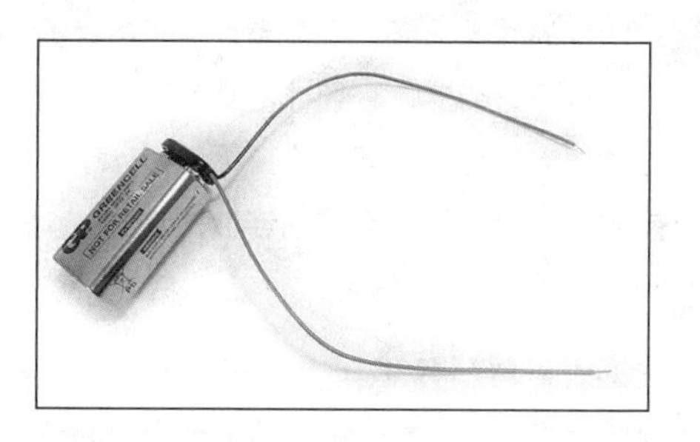

6. 现在，将电池扣的两根电线分别“接通”两块面团的两侧。如果 LED 灯没有亮，请交换接入面团的两根电线。（提示：电池的红线应该与 LED 灯的正引线插入同一块面团，而电池的负极电线应该接通另一块面团，即 LED 灯的负引线插入的那块面团。你可以理解为“正极电线接正引线，负极电线接负引线”。）

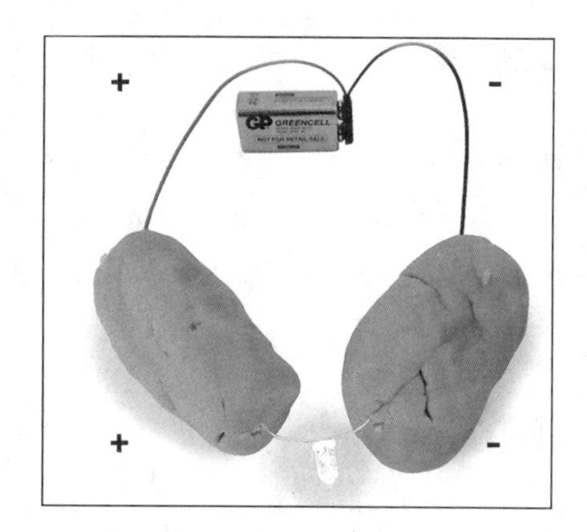

7. 恭喜你！你刚刚成功制作了一个简单的电路！哇，太棒了！

8. 如果你的两块面团不小心触碰到了一起，就会发生短路。电流不会再通过电灯，而是直接返回到电池中，使电池发烫，然后耗尽电量。所以，为了制作一个安全性更好的回路，请在两块导电的面团中间放一块绝缘的面团，将 LED 灯像一座桥一样横跨在两块绝缘的面团上。

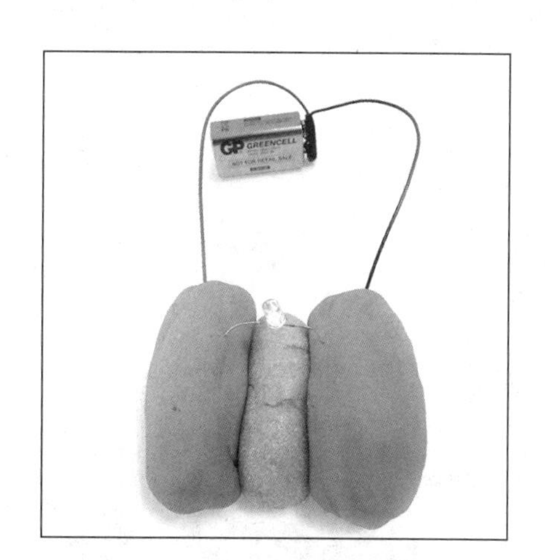

9. 接下来，你可以让实验变得更好玩。把几个LED灯像独立的小桥一样排成一排，形成一个并联电路！请确保将每个LED灯的引线都插入导电的面团中。同时，请确保电池的负极电线与LED灯的负引线插入同一块面团中。

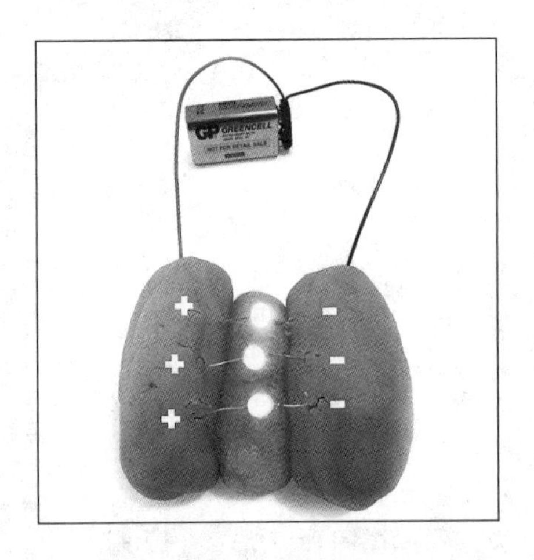

10. 你也可以将LED灯连成一条直线形成一个串联电路。在这个电路中绝缘的面团和导电的面团应该交替摆放，即“导电的面团—绝缘的面团—导电的面团—绝缘的面团—导电的面团”。请参照下图来摆放你的LED灯。

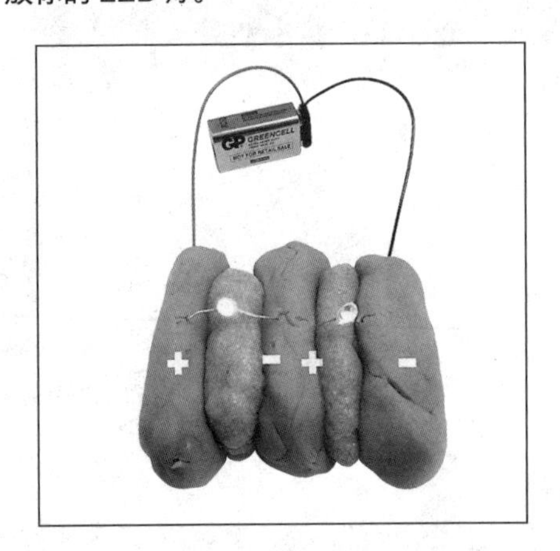

刚刚发生了什么

如果你的电灯泡亮了，那么，你就成功制作了一个正常工作的黏糊糊的电路！导电的面团中所含的食盐能使电子流通，从而起到了电线的作用。它只有较低的电阻。而绝缘的面团中的白糖，拥有较高的电阻，会抑制或阻塞了电子的流通。

LED灯代表发光二极管。这意味着当LED灯有电流经过时，它就可以发出光线。但是，正如你所注意到的，LED灯非常的吹毛求疵。只有当电流按特定的方向流经它们时，它们才能被点亮！如果你的灯泡没有被点亮，你只需将它转个方向即可（或者颠倒电池的连接方式——参见第三部分的步骤6）。

如果你制作了一个并联电路，每个LED灯与电池之间就形成了一个单独的回路。每个LED灯都是独立的，并发出耀眼的光芒。所以，如果你移除某个LED灯或某个LED灯烧坏了，其他的LED灯仍然会继续发光。

如果你制作了一个串联电路，你可能会注意到，LED灯越靠后，灯光就会越昏暗。这是因为流经的电不足以让它们同时发出耀眼的光芒。另外，如果你移除其中某个LED灯（或其中某个LED灯烧坏了），所有的LED灯都会熄灭。许多节日庆典的灯光布置用的就是串联电路，于是，一旦发生故障，他们需要花很长的时间才能找到那个烧坏的灯泡。

你发现了吗？如果你同时实验几种不同颜色的LED灯，有些颜色的LED灯可能不会亮。这是因为，不同颜色的LED灯使用的电能也存在差异。红色的LED灯需要的电能最低，蓝色（白色）的LED灯需要的电能最高。所以，如果你同时接通一个红色和一个蓝色的灯泡，电能就会流向那个最低价投标人……于是红色的LED灯亮了！而蓝色的LED灯可能就无法被点亮！

我们衷心希望你能喜爱这些有趣的实验和冒险!

接下来，我们要介绍一种你特别希望能够战胜的东西——青春痘！

青春痘

你想了解一种真正恐怖的东西吗？某个早晨，你从床上爬起来，突然发现你的鼻尖冒出了一颗巨大的青春痘。天哪！！！你现在看起来就像是红鼻子驯鹿鲁道夫，只需要一辆雪橇你就能出发了！在痘痘消失不见之前，你甚至都不想从卧室中出来！但是，我亲爱的读者，鼓起勇气面对吧，电影明星和政治家们也会遭遇这样的事情。接下来，我们还有不少祛痘的绝招要告诉你！

讨厌至极的青春痘

青春痘是一群鬼鬼祟祟的小家伙，它们总是悄无声息地爬上你的脸。上一周，你还拥有如丝绸般柔滑的肌肤。这一周，你的前额就像是堆了一勺巧克力冰激凌一样凹凸不平。青春痘是全世界最常见的皮肤问题。在某一时期，多达80%的美国人原本光滑的肌肤上都会冒出讨厌的黑头粉刺、白头粉刺以及脓包型粉刺。我们的皮肤上为什么会冒出青春痘呢?

不是因为你皮肤上的毛发！

首先，让我们简单回顾一下基本的生物学常识。你是一个毛茸茸的小家伙！我们都是！人类皮肤上的毛囊和大猩猩的一

糟糕!!!

幸运的是，市面上有许多祛痘产品可以拯救这个少年的鼻子！

放松点！你可能觉得青春痘会长到甜瓜那么大，但它不会。

吻鳄！但是，过多的油脂会堵塞毛孔。当你的身体开始分泌大量的油脂时，也就意味着：你的青少年时代来临了！

每天，你的皮肤都忙着脱落老旧的死皮细胞，为新生细胞腾出空间。这些死皮细胞非常渺小，所以你是无法看见它们脱落的。每小时从你皮肤上脱落的死皮细胞超过3万个！你不相信？你知道有那些落在你家家具表面和地面的灰尘从哪里来的吗？其实，这些灰尘大部分都是你和家人身上脱落的死皮细胞！是的，你现在可以说“真恶心”了！一个人平均每年会脱落大约3.6千克的死皮细胞。我们多么幸运啊，我们的坐垫和枕头上潜伏着大量饥肠辘辘的尘螨——它们非常喜爱死皮，会狼吞虎咽地吃掉所有的死皮。

样多，你和大猩猩之间的唯一区别就在于你的毛发多半都是非常非常细的。除了你的手掌、脚底板、嘴唇和眼球外，你浑身都长满了毛发。你身体的每根毛发都生活在一个小小的毛囊中。

你可以将毛囊想象成一个小杯子，毛发从杯子的底部长出来。整个毛囊都布满了皮肤细胞。在毛囊的顶部（皮肤表层），有一个叫作“毛孔”的小开口。毛囊的边上分布着皮脂腺，皮脂腺能够分泌皮脂到毛囊中。皮脂是一种油性的蜡状物质，它能够滋润毛干，使皮肤保持弹性、柔软和防水。否则，你看起来可能就会像一只短

无论怎样，既然你刚刚已经用吸尘器清扫了你家里的每个角落，让我们继续讨论你的毛囊吧。如果过多的皮脂堵住了毛囊，那么即将脱落的死皮细胞就会受到限制。死皮细胞开始越堆越高，就像过多的脏衣服堆放在脏衣篮中，于是形成了一个塞子，堵塞了毛孔。就像壁炉里的烟，无法从堵塞的烟囱排出，于是只能重新返回屋内。堆积的死皮和块状油脂就是导致你脸上冒出那些可恶的肿块的罪魁祸首。但是，请注意！情况还可能变得更糟！

过多的死皮和油脂还能诱捕细菌，其中一个犯人名为“痤疮丙酸杆菌”，简称“痤疮杆菌”。这些小家伙们理所当然地生活在我们的皮肤表面，它们最爱的一种小吃就是皮脂！在正常情况下，它们是友好的客人。但是，一旦周围遍布它们最爱的美食，它们就会大量繁殖。而一旦它们被卡在了阻塞的毛孔中，你的身体就会感觉遭到了入侵——立刻召集军队！发起反击！很快，你身体的“武装部队”——白细胞——开始赶赴现场，制造大量的脓液来吞噬和杀灭细菌。所有这些就会导致炎症的出现：皮肤泛红、疼痛以及肿胀。一颗青春痘就这样形成了。

黑头粉刺，白头粉刺，1、2、3！

你现在已经了解了粉刺的形成过程，接下来，让我们更加深入地探究一下青春痘的特性。有一些痘痘只是看着讨厌，而另一些则会导致肿胀和疼痛。如果毛囊中没有堵塞大量细菌，你的免疫系统就不会感觉到危险，你的皮肤也就不会出现红肿。不要太担心，你只是长出了一颗粉刺——它只是一个小肿块。粉刺主要有两种：黑头粉刺和白头粉刺。

如果大量皮脂涌出了你的皮肤表层，暴露在空气中，皮脂中一种叫作“黑色素”的东西就可能沉积。恭喜你！你长出了一颗黑头粉刺。

如果油腻的皮脂上覆盖了一层薄薄的皮肤，那么，你简直太幸运了！这层皮肤能够将油脂和氧气隔绝开来，保持皮脂的正常颜色：白色或淡黄色。也就是说你长出的是一颗白头粉刺！

正如一次大型交通拥堵，死皮被堵在了一条黏稠的皮脂高速公路上，看不见任何的出口。于是，形成了一个肿块。饥肠辘辘的细菌被这些美味的死皮和油脂深深吸引，开始疯狂地繁殖。紧接着，白细胞蜂拥而至，前来阻止它们。一颗硕大的、泛红的、无比疼痛的、充满脓液的肿块就这样形成了。跟你的青春痘打个招呼吧！

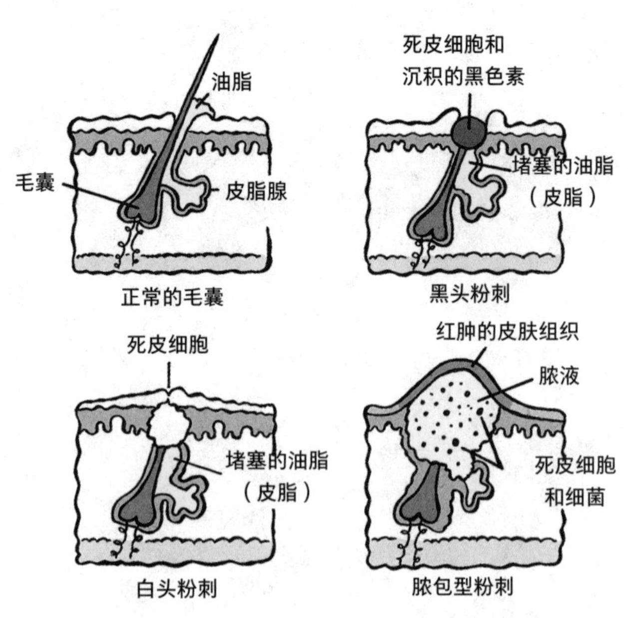

课外活动

一颗可以挤破的粉刺

大部分皮肤医生都会嘱咐你，青春痘是不能挤的。事实上，挤青春痘会使情况更糟，还有可能造成新的感染。但是，我们都知道："挤青春痘"这件事拥有一种让我们无法抵抗的诱惑力。就像是一阵难以忍受的瘙痒，迫切地希望抓两下！下面，我们就来介绍一下如何制造出一个你可以放心大胆地去挤破的巨大的、充满脓液的青春痘。注意，千万不要将脓液弄到你浴室的镜子上哦！

- 两块高尔夫球大小的可塑性面团或黏土。用食用色素上色，使之匹配你喜欢的肤色。你可以将各种颜色混合起来，调制出较深的肤色；也可以使用粉色和黄色调制出较浅的肤色
- 碗
- 植物油（例如，橄榄油或菜籽油）
- 白色牙膏
- 黑胡椒粉
- 勺子
- 红色食用色素
- 烤肉叉子或筷子

1. 正如你所知道的，从根本上说，青春痘就是一团堵在皮肤表层下的死皮细胞、皮脂、细菌和白细胞。那么，接下来请取大约一半黏土做成毛囊，把它塑造成一个类似于火山口的形状——换句话说，它应该是一团中间有个小洞的黏土。

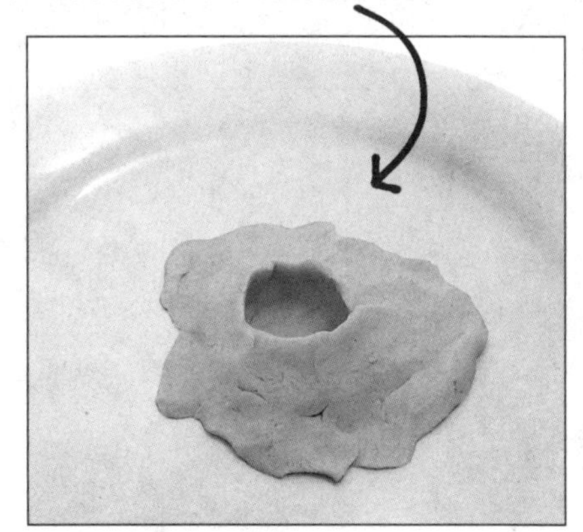

如果你的脸上冒出了青春痘，你可能很想在头上套一个纸袋，但这是没必要的！我们都会时不时地长出青春痘。

2. 接下来，是时候制作你的皮脂、死皮细胞、细菌、白细胞的混合脓液了。哦，太开心了！取一个碗，用相同比例的植物油和牙膏来调制一种浓稠的混合物。你需要调制出足够的溶液来填充你的青春痘“火山口”。植物油将代表皮脂；牙膏将代表白细胞和死皮细胞；加入少许胡椒粉来代表细菌。用勺子不断搅拌直到它变成乳脂状的“脓液”混合物。

3. 舀一勺“脓液”混合物注入“毛囊”中。

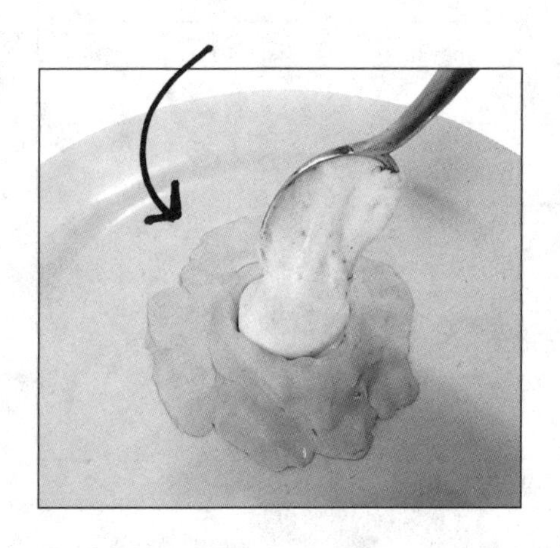

4. 取剩下的黏土，拍平，做成薄薄的一层，它将代表覆盖青春痘的皮肤。在黏土的中心，加入一滴红色食用色素来代表青春痘导致的发炎症状。

5. 将这层薄薄的黏土放在青春痘“火山口”的上面，压紧“火山口”边缘的黏土，使脓液在一定的压力下突起来。

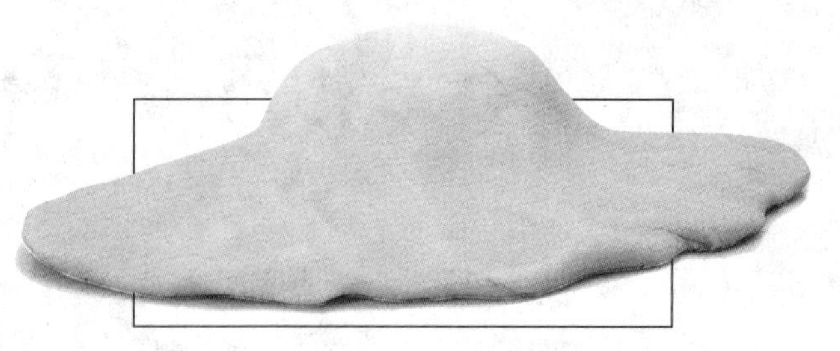

6. 好的，你已经表现得非常有耐心了。是时候挤破这颗青春痘了！手握一根烤肉叉子，与地面保持平行，靠近青春痘的顶部，然后插入黏土中，直到从黏土的另一侧出来。

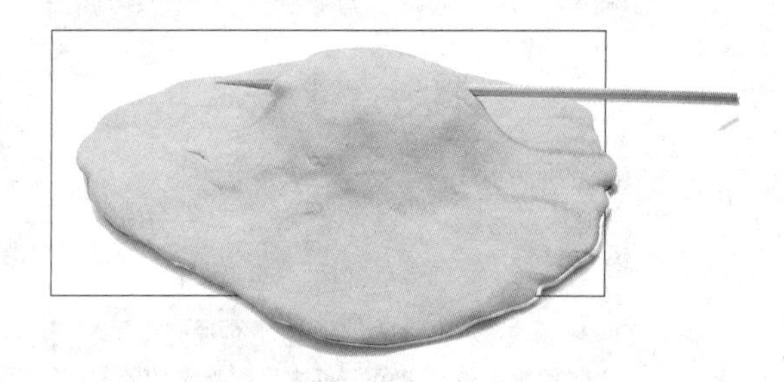

接下来，烤肉叉子仍然插在黏土中，慢慢地轻轻地将叉子往上提，进而挑破青春痘的表层。

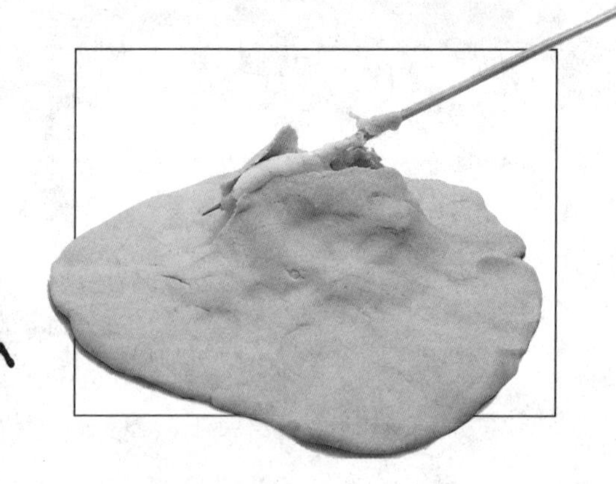

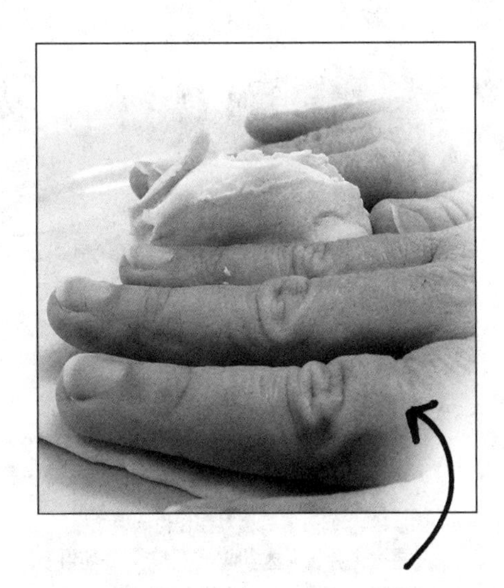

7. 用你的双手挤压青春痘的两侧，挤出里面的脓液。如果你还有第三只手，请用它捂住你的嘴巴以防呕吐。

刚刚发生了什么

你刚刚用一根巨型“针”挤破了一颗金刚级别的青春痘。由于撕开的那层“皮肤”是一层死皮细胞，因此，没有感到任何的疼痛。但是，请记住：千万不要去挤你身上的青春痘。你的皮肤是你的装甲，请让它保持完整无缺的状态。否则，你就可能引发进一步的感染或留下永久性的疤痕。皮肤颜色较深的人挤青春痘更容易留下疤痕。许多青春痘会在大约一周后消失，但是另一些可能需要更长的时间。不要去挤它们，如果这种欲望实在是太强烈了，请重复本次活动！

课外活动

请让我来口黑头粉刺吧!

30 分钟

加上20–40分钟的冰冻时间

你可以用普通的糖霜和少许巧克力屑制作一个无趣的老式纸杯蛋糕。也可以用它们制作一些白头粉刺、黑头粉刺和脓包型粉刺纸杯当作模型，然后来几口“青春痘”换换口味。

- 你最爱的蛋糕食谱和蛋糕粉（以及包装上所述的配料和器具）。你可以选择用巧克力（或少许巧克力屑）调制出你自己的肤色，或者调制出其他任何一种颜色。外星人也会长青春痘吗？很可能——如果想尝试，就请试试绿色的食用色素
- 纸杯蛋糕烤盘和衬垫（小蛋糕的波形纸垫）
- 黄油刀
- 黑甘草或巧克力太妃糖
- 剪刀
- 2 个小号的保鲜袋（如果你正好有冰袋，请使用冰袋）
- 一盒香草糖霜
- 片卷状水果或条状果丹皮，为你即将制作的每个纸杯蛋糕各准备一片（最好是红色和黄色）
- 几茶匙的可可粉
- 2 个小碗
- 2 个茶匙

1. 在成年人的帮助下，按照家庭食谱或包装盒上的说明制作几个纸杯蛋糕，使蛋糕完全冷却。

2. 研究一下上述三种不同的皮肤问题。

3. 现在开始制作白头粉刺纸杯蛋糕。使用黄油刀在纸杯蛋糕的中心弄出一个小圆孔，一直戳到蛋糕的底部，挖出一点中心的蛋糕屑。这样，你就成功制作了一个“毛囊”。

4. 往蛋糕底部扔一根“毛发”：剪一条黑甘草或将一颗太妃糖扯成毛发形状。你脸上的毛发可能非常细，不仔细观察的话很难看见。但是，我们在本实验中制作了非常明显的“毛发”。

5. 取一个塑料袋，剪掉一个角，弄出一个小孔。舀一茶匙的香草糖霜，倒入塑料袋。朝塑料袋小孔的方向挤压糖霜，直到糖霜开始从小孔喷出。将塑料袋的小孔对准纸杯蛋糕中的“毛囊”，然后开始不断挤压，直到毛囊中填满了糖霜！这表明油脂过多。

6. 展开一片黄色的片状水果。将它稍微拉伸一下，使它能够完全覆盖住纸杯蛋糕的上部。接下来，小心翼翼地将它盖住蛋糕的上部，再用剪刀裁掉多余的边缘。这将代表你皮肤的最表层。对于白头粉刺，皮脂堵塞物没有暴露在空气中，所以，保持了原本的黄白色。在一张肤色色谱上，撒一些可可粉，将它铺平，直到找到与你相匹配的肤色！

7. 现在，让我们来制作一个红肿的青春痘纸杯蛋糕，请遵照上述白头粉刺纸杯蛋糕的制作方法。继续挤压糖霜，直到蛋糕表面也堆满了糖霜。糖霜代表脓液——油脂、细菌以及经由血管聚集到皮肤层来消灭细菌的白细胞。展开一两片红色的片状水果，将其覆盖在脓液上。毛发和脓液就隐藏在了红肿的“皮肤”下。

8. 该制作黑头粉刺纸杯蛋糕了。最初的步骤和制作白头粉刺相同，包括扔进“毛发”。

每个黑头粉刺纸杯蛋糕需要一茶匙的深棕色糖霜。（在香草糖霜中加入半茶匙的黑可可粉，搅拌，或将所有颜色的食用色素混合在一起调制出棕色。）然后，另取一个塑料袋，剪去一角，将糖霜倒入袋中，然后将糖霜挤进“毛囊”中。这代表一小块暴露在空气中后变成深棕色的皮脂。

由于皮脂接触了空气，将一片片状水果剪成条状，然后将它们放在小洞周围，但是不要盖住小洞。

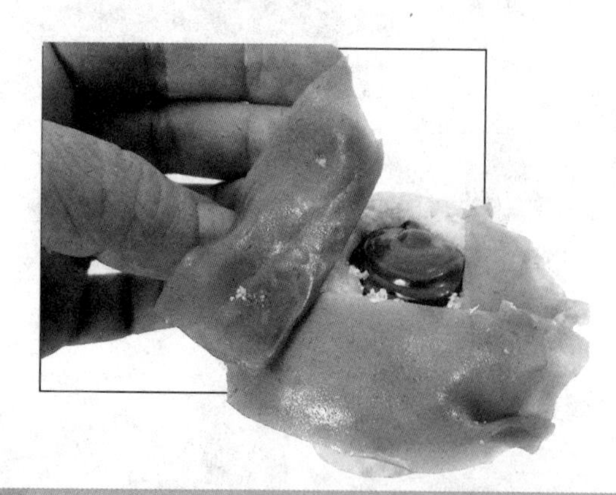

9. 如果你愿意的话，将两三个纸杯蛋糕切成两半，露出其横截面。（轻轻地将你的青春痘纸杯蛋糕放倒，用刀子从蛋糕的底部朝顶部的卷状水果切。）

你的家人或朋友敢不敢将青春痘纸杯蛋糕“扔进”他们的嘴巴里呢？你又会选择哪款纸杯蛋糕呢？

黑头粉刺

脓包型粉刺

白头粉刺

如何祛痘？

现在，你已经读了有关青春痘的知识，也品尝了“青春痘”纸杯蛋糕，也挤了青春痘。那么，如果你光滑细腻的脸庞真的被一些黏糊糊的油脂和痤疮杆菌所劫持，长出了一颗青春痘，你该如何应对呢？首先，你要清楚这不是你的错。不是因为你食用了油腻的食物，也不是因为你没有把脸洗干净。这主要是因为你的基因和那些讨厌的在青春期陷入混乱的荷尔蒙。还有一些可能让情况变得更糟的东西——压力、过敏食物以及肮脏的空气，也会“蹂躏”你的脸。但是，我要告诉你一个好消息！人们已经成功研制出了多种祛痘的良药。如果青春痘让你觉得很不安，请去看皮肤科医生。对于你特殊的皮肤类型，他们清楚地知道哪种药物拥有最佳的疗效。你也可以试试一些药店的药品——更好玩的是，你还可以做一些有关的实验！在你家长同意的情况下，使用下述家庭疗法。像你这样一位优秀的科学家，肯定会记录下你的实验过程。这样也可以清楚地比较，在使用每种疗法后，青春痘的干燥和消失速度如何。

冰　细菌喜欢温暖的环境。它们非常讨厌冰！冰敷10分钟（使用放入冰箱中冷冻一小时后取出的汤勺的背部）能否帮助你战胜青春痘呢？

生马铃薯　切一片生马铃薯，将它放在你的青春痘上10分钟左右。

原蜜　原蜜是非常勤劳的细菌消灭者。稍微涂一点点可能就能达到理想的效果。涂上之后只要注意远离小熊维尼和其他喜欢蜂蜜的小动物就可以了！

牙膏　这是另外一种值得一试的物品，牙膏中的一些成分能够杀灭病菌。只需要涂抹一点即可。此外，还能让你的青春痘获得清新的口气！

海盐　海盐就像是一支专门消灭肿胀的特警队。你只需将少许海盐晶体和一两滴水混合起来，制成一种糊状物涂在痘痘上。也许，你的青春痘将很快消失在大海中！

非洲黑皂　这种古老的肥皂是由棕榈树、酪脂树、罗望子的提取物和粉芭蕉的果皮烧成的灰烬制成的。几个世纪以来，人们一直用它来治疗多种皮肤问题。据说，它能够舒缓疼痛，同时去除多余的油脂。更少的油脂真的意味着更少的青春痘吗？请自己查明真相！

最重要的是 如果你仔细想想，你会发现青春痘的确提供了一个进行一些实验的绝佳机会！要知道，和你生命中的其他事情一样，“青春痘总会消失”。你总有一天将长大成人，到那时，你的“青春痘时代”也就基本结束了。你只需要记住，给予你的脸充分的关心和爱护就可以了。

你已经阅读完了本书的全部内容！

好了，我亲爱的读者，你的脑袋里已经装满了知识。现在你已经掌握了——所有的 A 到 Z 的纯粹的恶心事物。你最喜欢的课外活动是什么？哪个主题让你想要最大声地说“真恶心”？你现在能打出入门饱嗝儿了吗？能做出斗鸡眼吗？能将面包烤成木乃伊吗？这么多有用的技能——现在都是你的了。

请答应我们：你会继续探索我们这个神秘的、野生的、美丽的、疯狂的、肮脏的、神奇的世界。多提问！多进行实验！多去户外，探索泥土下的世界！

整个世界都等待着你去搜寻，去发觉，去探索！最重要的是——玩得开心！

图片版权

封面：Mike Sonnenberg/E+/Getty Images

封底：Clockwise from top: ULTRA.F/Taxi Japan/Getty Images；Bernard Jaubert/Photolibrary/Getty Images；Yamada Taro/Getty Images；Mediteraneo/fotolia；vnlit/fotolia.

扉页：Bernard Jaubert/Photo library/Getty Images

所有课外实验、课外活动和课外探索中的实验照片均来自 Jessica Garrett, Ben Ligon, and Joy Masoff, 另有说明的除外。

图片素材：

ChinaFotoPress p. 1；
Elnur p. 2；
Piotr Naskrecki/Minden Pictures p. 7；
Jon Yuschock p. 8；
ULTRA.F/ Taxi Japan p. 9；
arlindo71 p. 11；
isonphoto p. 19；
Jose Fernandez/US Air Force/Wikimedia Commons p. 20；
Patricio Realpe/ Latin Content p. 21；
Jim Sugar/Science Faction p. 24；
siimsepp p. 25（左）；
Simone Genovese p. 25(中）；
GR. Roberts/Science Source p. 25(右）；
Walter Rawlings/ Robert Harding p. 26（右上）；
DEA Picture Library p. 26（左下）；
Universal History Archive/UIG p. 27；
George Pickow/Three Lions p. 28；
Science & Society Picture Library p. 29；
Ed Darack/Science Faction p. 33；
SuperStock pp. 34；
pixelrobot p. 38（卫生纸）；
Religious Images/UIG p. 38（右下）；
Werner Forman/Universal Images Group p. 41；
bruno135_406 p. 45；
Eelnosiva p. 48；
Conspectus p. 51；
pavelkubarkov p. 55；
Mark Boster/Los Angeles Times p. 57（上）；
Mediteraneo p. 57（下）；
Liz Steketee/The Image Bank p. 59；

Zachary Scott/DigitalVision p. 60；

Richard McManus/Moment Open p. 61(左上)；

Scott Barbour p. 61 (右下)；

Digital Vision p. 63；

Rob Lawson/Photolibrary p. 65；

Visuals Unlimited, Inc./Inga Spence p. 69；

Bill Bachman p. 74；

Jason Lugo p. 76；

Olaf Speier p. 78；

Alexandr p. 82（左下）;

SONNY TUMBELAKA/AFP p. 82（右上）;

The Emporia Gazette, Hal Smith p. 86；

davetroesh123 p. 90；

FiCo74 p. 91；

Bailey-Cooper Photography p. 93；

Moises Castillo p. 94(上)；

Michael Noble Jr., File p. 94 (下)；

Nature Picture Library p. 103；

Siri Stafford p. 104；

BVDC p. 108 (订书钉)；

uwimages pp. 108(缝合)；

RubberBall Productions/Brand X Pictures p. 109；

Vnlit p. 110 (蜗牛)；

Trish Gant p. 111 (手和黏液)；

Bournemouth News p. 112；

Ed Reschke/Oxford Scientific p. 117；

yurakp p. 119 (左下)；

allocricetulus p. 119 (右下)；

Tambako the Jaguar/Moment p. 120；

Evan Kafka/The Image Bank p. 121；

David Trood/The Image Bank p. 122；

Interfoto p. 127；

Leonid Serebrennikov p. 128 (右上)；

Sergiy Bykhunenko p. 128(中下)；

Sean Gladwell p. 130 (卫生纸卷)；

javier brosch p. 131；

David Thorpe p. 134；

salim138 p. 135（左上）;

Christian Adams/Photographer's Choice p. 135（右下）;

chrisdorney p. 137；

Apic p. 139；

Rene MALTETE/Gamma-Ralpho p. 140；

vinogradovpv p. 141；

Julie Harris p. 143 (左下)；

Ian Cumming/Design Pics/Axiom Photographic Agency p. 143 (右上)；

Silke Baron via flickr p. 146；

Gilbers S Grant/Science Source p. 148；

HANA76 p. 154 (注射器)；

Georgios Kollidas p. 154 (右下)；

Courtesy of Dr Jenner' House, Museum and Garden p. 155；

Science VU/Visuals Unlimited p. 156；

MichaelTaylor3d p. 157（左下）;
Callista Images/Cultura p. 159 ;
SuperStock pp. 160 (右上) ;
BIOPHOTO ASSOCIATES/Science Source p.160 (右下) ;
Bob Elsdale/ The Image Bank pp. 161 ;
DEA/A. DAGLI ORTI/De Agostini Picture Library p. 163(右上) ;
DEA PICTURE LIBRARY/De Agostini Picture Library p. 163 (右下) ;
jedi-master p. 164 ;
NASA NASA/Science Source p. 169 ;
The AGE/Fairfax Media p. 170 ;
Gregory S. Paulson/Cultura p. 171 ;
photolink pp. 172，176 (蚯蚓) ;
Omikron Omikron/Science Source p. 173 (绦虫) ;
Kim Taylor p. 173 (蛔虫) ;
Walker and Walker/DigitalVision p. 179 ;
GK Hart/Vikki Hart/The Image Bank p. 182 ;
Balazs Kovacs Images p. 189 ;
Charles D Winters/ Science Science p.192 ;
Gary Alvis/E+ p. 194 ;
Vladimir Popovic/E+ p. 195 (下) ;
Tom Stack p. 199 (上) ;
Patrick J. p. 199 (下) ;
Chip Simons/Photographer’s Choice p. 206 ;
Izabela Habur/E+ p. 209.

实验来源

Thanks for the inspiration!

Most of the activities in this book come from our 30 plus years of combined teaching experience.The experiments listed below, however, were adapted from certain resources.Any mistakes are unintentional and purely ours.

"Rockin' Rockets" and "Do We Have Liftoff?" were inspired by "Build a Bubble-Powered Rocket!" from NASA (spaceplace.nasa.gov/pop-rocket/en).

"The Reason? Freezin!" and "Shake Your Booty" were adapted from activities developed for an MIT summer camp by Jessica Garrett (while working at the MIT Edgerton Center) and Ellen Dickenson (then of Lemelson-MIT). Imagine the tasty yet sticky mess a whole class can make!

"Lava-Licious" was adapted from an experiment created by Hawai'i Space Grant Consortium, Hawai'i Institute of Geophysics and Planetology, University of Hawai'i, 1996 (spacegrant.hawaii.edu/class_acts/GelVolTe.html).

"Bacteria Brew" was created by mad scientist Todd Rider of MIT, who generously shared it with us.

"The Great DNA Robbery" was adapted from the protocol developed by the genetics department at the University of Utah (learn.genetics.utah.edu
/content/labs/extraction/howto).

"Seeing Upside Down" was adapted from Arvind Gupta's website, where you can find lots of other
fun activities (arvindguptatoys.com).

"Fast Fossil Factory" was adapted from an activity on the National Park Service's website (nps.gov/brca
/learn/education/paleoact3.htm).

"Foamy Fungi" was inspired by many similar experiments we've seen over the years. For more explosive fun and videos of what happens when you use higher concentrations of hydrogen peroxide, check out Science Bob's and Steve Spangler's versions called Elephant's Toothpaste or Kid-Friendly Exploding Toothpaste.Their websites have lots of other cool science experiments to explore, too (sciencebob.com, stevespanglerscience.com).

Thanks to the University of St.Thomas School of Engineering for sharing the "Squishy Circuits" experiment. Go to their website for even more electrifying ideas (ourseweb.stthomas.edu/apthomas
/squishycircuits).

索引

C

D

E

F

G

H

J

Q，R

S

T

U